Tragwerksentwurf

Prof. Dr.-Ing. Jürgen Stöffler
Dipl.-Ing. Susanne Samberg

Tragwerksentwurf
für Architekten und Bauingenieure

Bauwerk

Bibliografische Information Der Deutschen Bibliothek
Die Deutsche Bibliothek verzeichnet diese Publikation in der Deutschen Nationalbibliografie; detaillierte bibliografische Daten sind im Internet über http://dnb.ddb.de abrufbar.

1. Aufl. Berlin: Bauwerk, 2002

ISBN 3-934369-39-1

www.bauwerk-verlag.de
info@bauwerk-verlag.de

Druck und Bindung:
Druckerei Runge GmbH

Vorwort

Der Architekt ist bei seinen Entwürfen gezwungen, Form und Konstruktion eines Bauwerks zu einem Ganzen zusammenzufügen. Wir möchten mit unseren Ausführungen sowohl den engagierten Architekturstudenten als auch den bereits praktizierenden Architekten bei der schwierigen Aufgabe unterstützen, die Belange des Tragwerks im Entwurf angemessen und vor allem so früh wie möglich zu berücksichtigen.

Aber auch für den Bauingenieurstudenten ist dieses Buch sicher eine wertvolle Hilfe, weil wir nicht die mathematischen Zusammenhänge in den Vordergrund gestellt haben, sondern es wurden die statisch, konstruktiven Zusammenhänge bei den verschiedenen Tragsystemen anschaulich und einfach erläutert.

Der mit dem Architekten eng zusammenarbeitende Bauingenieur findet sicherlich im Hinblick auf die gemeinsam zu bearbeitende Aufgabe „Tragwerk" im Studium und später auch in der Praxis Anregungen für gute und sinnvolle Tragwerkslösungen.

Das vorliegende Buch soll das grundlegende Verständnis für das Tragverhalten der wichtigsten Systeme vermitteln. Es ist hervorgegangen aus zahlreichen Vorlesungen, die wir am Fachbereich Architektur der Technischen Universität Darmstadt gehalten haben.

Ausgehend von der allgemeinen Betrachtung des Tragwerkes, über Einfeldträger bis hin zu Schalen und Hängekonstruktionen werden die Zusammenhänge der verschiedenen Tragkonstruktionen dargestellt und mit Skizzen erläutert Vorausgesetzt werden dabei Grundkenntnisse der Statik.

Den beiden wissenschaftlichen Assistenten des Fachgebietes Statik der Hochbaukonstruktionen, Herrn Dipl.-Ing. C. Heger und Herrn Dipl.-Ing. C. Maier danken wir für die Einarbeitung von Korrekturen in Skizzen und Texte. Ferner danken wir Frau Dipl.-Ing. A. Hartmann vom Bauwerk Verlag für das Korrektur lesen.

Darmstadt, im September 2002

Jürgen Stöffler
Susanne Samberg

Inhaltsverzeichnis

1 Tragwerke

The Hongkong and Shanghai Banking Corporation, Hongkong

1.1 Aufgabe und formale Bedeutung des Tragwerks

1.1.1 Aufgabe des Tragwerks

Aufgabe des Tragwerks ist es, alle auf ein Bauwerk wirkenden Lasten unter Einhaltung der **Gebrauchsfähigkeit** und der **Standsicherheit** aufzunehmen, weiterzuleiten und in den Baugrund zu übertragen. Dabei sind alle statischen und konstruktiven Randbedingungen einzuhalten.

Definitionen

Gebrauchsfähigkeit : Das Tragwerk ist für die geplante Nutzung funktionstüchtig. Das heißt, Verformungen (Durchbiegungen und Verschiebungen) sind so gering, dass sie ohne Beeinträchtigung des Gebrauchs ertragen werden können.

Standsicherheit : Die Ableitung aller auftretenden vertikalen und horizontalen Lasten ist gewährleistet. Verformungen können aber so groß sein, dass das Gebäude in seiner Nutzung eingeschränkt ist.

1.1.2 Sichtbarkeit – die formale Bedeutung des Tragwerks

Die Art und Weise wie das Tragwerk und seine Konstruktion sichtbar gemacht werden, das heißt sein Bezug zur Gebäudehülle und zum Raumabschluss, hat einen entscheidenden Einfluss auf das Erscheinungsbild des Gebäudes. Das Tragwerk wird neben der Erfüllung der lastabtragenden und aussteifenden Aufgabe formal bedeutend.

Möglichkeit 1 : Alle Tragwerksteile liegen außen, die lastabtragenden Elemente sind sichtbar und von außen erkennbar. Die formale Bedeutung des Tragwerks ist groß.

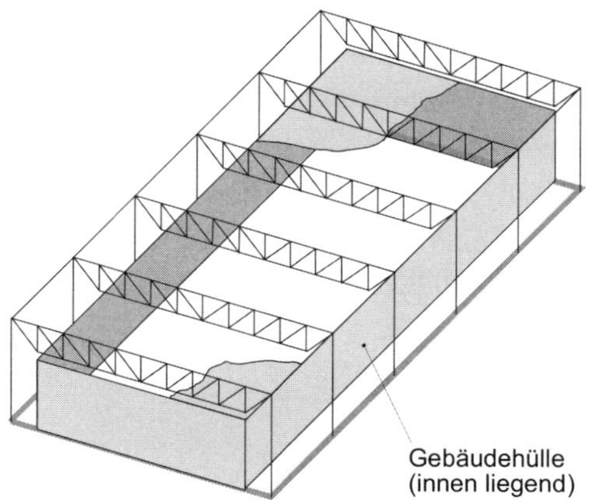

Abb. 1.1 Möglichkeit 1 – alle Tragwerksteile liegen außen

Möglichkeit 2 : Einzelne Tragwerksteile liegen außen, einzelne innen, die lastabtragenden Elemente sind als Ganzes nicht sichtbar und nur bedingt erkennbar. Das Tragwerk hat nur eine geringe formale Bedeutung.

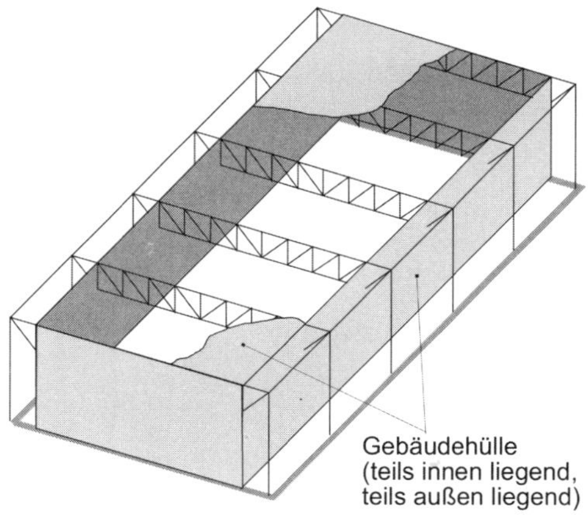

Abb. 1.2 Möglichkeit 2 – einige Tragwerksteile liegen außen, einige innen

Möglichkeit 3 : Alle Tragwerksteile liegen innen, die lastabtragenden Elemente sind sichtbar und von innen erkennbar. Die formale Bedeutung des Tragwerks ist groß.

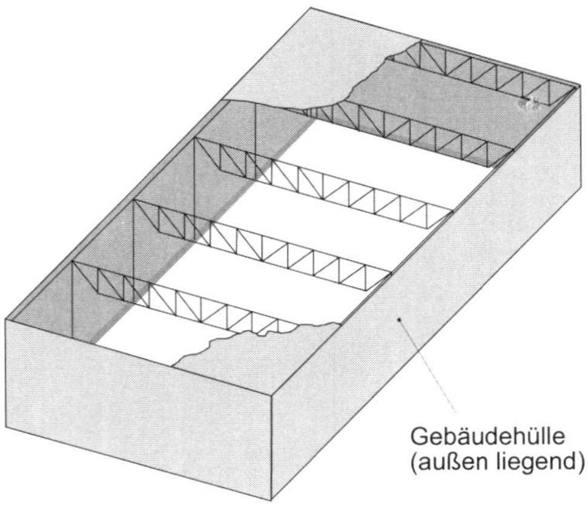

Abb. 1.3 Möglichkeit 3 – alle Tragwerksteile liegen innen

Möglichkeit 4 : Alle Tragwerksteile sind umhüllt, die lastabtragenden Elemente sind nicht sichtbar und nicht erkennbar. Das Tragwerk hat keine formale Bedeutung.

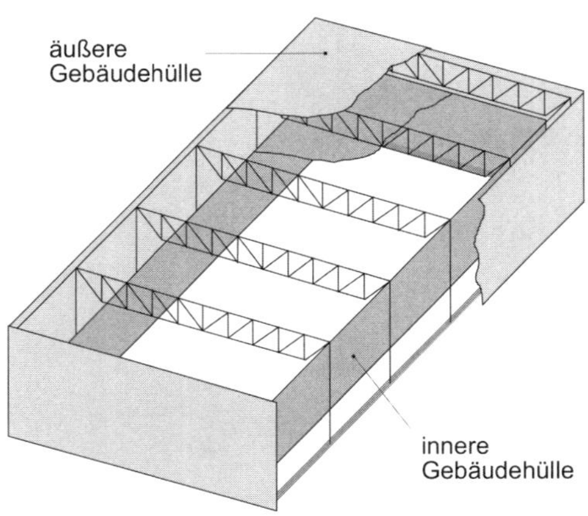

Abb. 1.4 Möglichkeit 4 – alle Tragwerksteile sind umhüllt

1.2 Tragsysteme

Tragsysteme werden geprägt von der **Geometrie**, dem **Tragverhalten** und der **inneren Beanspruchung**.

1.2.1 Geometrie

Entsprechend der Geometrie erfolgt die Einteilung in **punktförmige**, **linienförmige**, **flächenförmige**, **räumliche** und **körperhafte** Tragsysteme.

Definitionen

punktförmig :	die Abmessungen in den drei Dimensionen sind sehr klein *Beispiel:* Knoten, Lager
linienförmig :	zwei Dimensionen sind wesentlich kleiner als die dritte Dimension (Bauteilhöhe / Bauteilbreite << Bauteilspannweite) *Beispiel:* Linientragwerke – Träger, Rahmen, Bogen
flächenförmig :	zwei Dimensionen sind wesentlich größer als die dritte Dimension (Bauteillänge / Bauteilbreite >> Bauteildicke) *Beispiel:* ebene Flächentragwerke – Platte, Scheibe
räumlich :	flächenförmiges Tragwerk mit räumlicher Krümmung (Bauteillänge / Bauteilbreite >> Bauteildicke, Krümmung als weitere Charakteristik) *Beispiel:* räumliche Flächentragwerke – Faltwerk, Schale, Membran
körperhaft :	alle drei Dimensionen sind gleichermaßen groß *Beispiel:* Fundamente

1.2.2 Tragverhalten

Das Tragverhalten eines Tragwerks wird am Tragsystem beschrieben, welches nach der Idealisierung aus dem Gesamttragwerk hervorgeht. **Idealisierung** bedeutet in diesem Zusammenhang die **materialunabhängige, jedoch geometriegetreue Beschreibung des Tragwerks**. Dabei werden Lagerungsbedingungen festgelegt und die Belastungen in die Betrachtung einbezogen. Aus dem Tragsystem werden dann unter Benutzung der Terminologie und den Symbolen der Baustatik die statischen Systeme der Tragwerksteile entwickelt. Diese sind Grundlage für die statisch-konstruktive Analyse. Sie dienen der Beschreibung des Tragverhaltens und der Lastabtragung.

Abb. 1.5 Schema – Idealisierung des Tragwerks

Voraussetzung für die Beschreibung des Tragverhaltens ist die Einführung von Belastungen. Dabei werden **vertikale** und **horizontale Lasten** unterschieden.

vertikale Lasten :

- Eigenlast der Konstruktion
- Verkehrslasten (= nutzungsbedingte Lasten)
- Schneelasten
- vertikal wirkende Windlasten
- vertikal wirkende Sonderlasten

horizontale Lasten : Windlasten
Erddrucklasten
Brems- und Anpralllasten
Erdbebenlasten
horizontal wirkende Sonderlasten

Bei der Analyse des Tragverhaltens und der zeichnerischen Darstellung von Beanspruchungen und Verformungen steht die qualitative Betrachtung im Vordergrund. Ziel ist die Beschreibung des prinzipiellen Tragverhaltens.

Das Prinzip der Lastabtragung entspricht der Geometrie des Tragsystems.

Linienförmige Tragsysteme tragen die Lasten in Richtung der Tragwerkshauptachse ab, man spricht von **einachsiger Lastabtragung**.

Flächenförmige Tragsysteme tragen die Lasten in Richtung der beiden Hauptachsen der Fläche ab, man spricht von **zweiachsiger Lastabtragung**.

Räumliche Tragsysteme tragen die Lasten in Richtung der drei Hauptachsen des Raumes ab, man spricht von **dreiachsiger Lastabtragung**.

1.2.3 Innere Beanspruchung

Die innere Beanspruchung beschreibt, welche Schnittgrößen den Querschnitt des Tragsystems beanspruchen.

Dabei werden die folgenden Beanspruchungen unterschieden:

- Biegung / Querkraft ohne Normalkraft,
- allein wirkende Normalkraft und
- Biegung / Querkraft mit Normalkraft.

Die Gestaltung der Querschnitte eines Tragsystems richtet sich nach seiner Beanspruchung.

Biegung / Querkraft

⇓

massive, vollwandige Querschnitte (Balken, Träger, Platte)

⇓

- Ableitung der äußeren Lasten über den steifen Querschnitt
- die zulässigen Spannungen des Querschnitts sind nur in seinen äußeren Teilbereichen ausgenutzt

Normalkraft

⇓

aufgelöste Konstruktionen mit genauer Zuordnung der Kräfte als Zug- bzw. Druckkräfte (Fachwerk)

⇓

- Ableitung der äußeren Lasten
  - durch die geeignete Anordnung der Tragwerksteile / Tragwerkselemente, die eine vektorielle Kraftzerlegung ermöglicht (Fachwerk)
  - durch die geeignete Form (Bogen — Stützlinie)
- bei Zugbeanspruchung können die zulässigen Spannungen voll ausgenutzt werden, denn:
  ☝ Zugelemente sind nicht stabilitätsgefährdet !
- bei Druckbeanspruchung können die zulässigen Spannungen soweit ausgenutzt werden, wie es die Stabilität der Elemente erlaubt, denn:
  ☝ Druckelemente sind stabilitätsgefährdet (z. B. Knicken) !

Biegung / Querkraft mit Normalkraft

⇓

massive, vollwandige Querschnitte und aufgelöste Querschnitte mit genauer Zuordnung der Kräfte
(abgespannte und unterspannte Systeme)

⇓

- Ableitung der äußeren Lasten über den steifen Querschnitt und durch Kraftzerlegung
- je nach Art der Beanspruchung sind in einzelnen Querschnitten die zulässigen Spannungen voll, in anderen nur in Querschnittsteilbereichen voll ausgenutzt

Abb. 1.6 Schema – Innere Beanspruchung

Ein hier und an anderen Stellen auftretender Begriff ist der des Vektors bzw. der vektoriellen Kraftzerlegung. Er sei hier kurz definiert.

Definition

Als **Vektor** bezeichnet man gerichtete Größen, die durch ihre Lage und Richtung im Raum sowie durch ihren Betrag gekennzeichnet sind.

Anwendungsbeispiel: Kräfte

Vektoren können in Komponentenvektoren zerlegt werden. Mehrere Vektoren können zum Summenvektor addiert werden.

Anwendungsbeispiel: Krafteck von an einem gemeinsamen Punkt angreifenden Kräften. Aus mehreren Kräften (Vektoren) wird eine Resultierende (Summenvektor) erzeugt.

1.3 Gliederung des Tragwerks

Die systematische Betrachtung des Tragwerks führt zur Einteilung in **Gesamtsystem**, **Teilsysteme**, **Tragwerksteile** und **Tragwerkselemente.** Diese Gliederung soll spezifische Einheiten herausarbeiten, welche die Analyse des Gesamttragwerkes vereinfachen helfen.

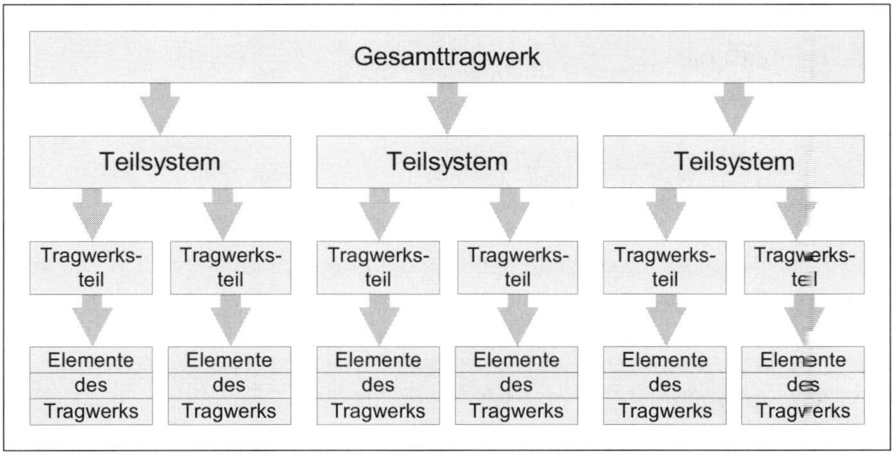

Abb. 1.7 Schema – Gliederung des Tragwerks

1.3.1 Gesamtsystem

Das Gesamtsystem stellt die Gesamtheit aller geordneten Teile des Tragwerkes dar, welche durch statische Abhängigkeiten miteinander verknüpft sind.

Beanspruchungszustände müssen nach Ursache und Wirkung erkennbar, nachvollziehbar und beschreibbar sein.

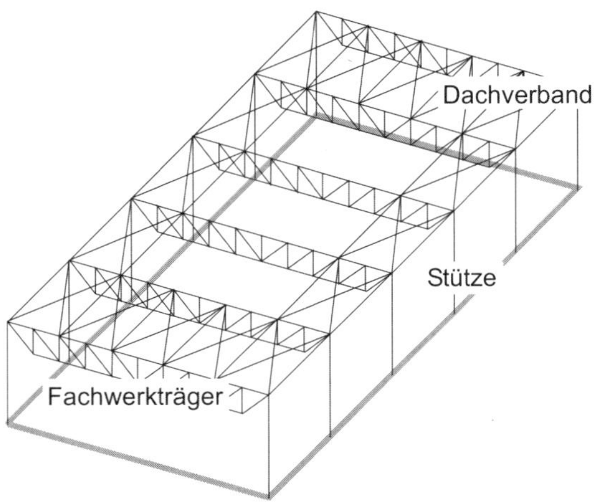

Abb. 1.8 Gesamtsystem

1.3.2 Teilsysteme

Teilsysteme sind kleinere geschlossene Systeme, die eindeutig herausgearbeitet werden können. Sie dienen der besseren Darstellung der Aufgaben und Funktionsweisen des Gesamttragwerkes.

Jedoch ist zu beachten, dass nicht jedes Gesamttragwerk zwangsläufig aus Teilsystemen bestehen muss.

Teilsysteme bieten die erste Möglichkeit zur Einführung von statischen Systemen. In Abb. 1.9 kann z. B. für das Teilsystem der Stützen das statische System dargestellt werden.

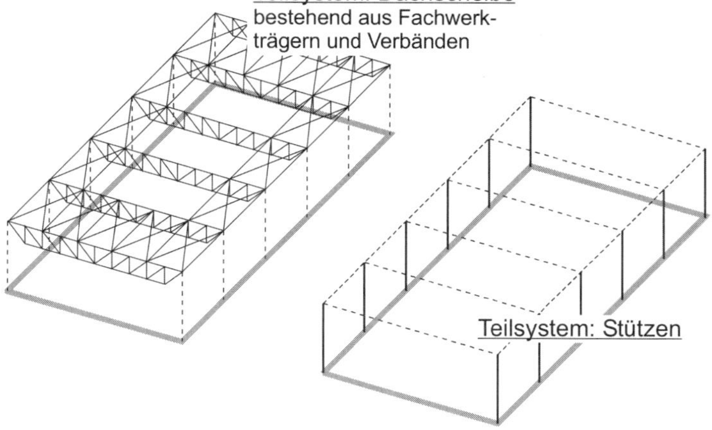

Abb. 1.9 Teilsysteme

1.3.3 Tragwerksteile

Tragwerksteile übernehmen als Einheit Funktionen der Lastabtragung Sie sind die Grundlage der statischen Systeme für die statisch-konstruktive Untersuchung und Berechnung zur Beurteilung der Beanspruchungen und Verformungen.

Tragwerksteile setzen sich in der Regel aus Tragwerkselementen zusammen. Kann ein Tragwerksteil nicht weiter aufgegliedert werden, ist es gleichzeitig auch Tragwerkselement.

Auf der Ebene der Tragwerksteile werden die statischen Systeme eingeführt. In Abb. 1.10 sind dies z. B. die Fachwerkträger des Daches und die Dachverbände.

1.3.4 Tragwerkselemente

Tragwerkselemente bilden die kleinste Einheit, in die ein Tragwerk zerlegt werden kann. Sie erfüllen alle geometrischen, alle maßlichen, alle statisch-konstruktiven und alle verbindungstechnischen Funktionen, die zur Erzielung der Einheit des Tragwerks notwendig sind. Abb. 1.11 zeigt die Elemente des Fachwerkträgers: Ober- und Untergurt, Pfosten und Diagonalen.

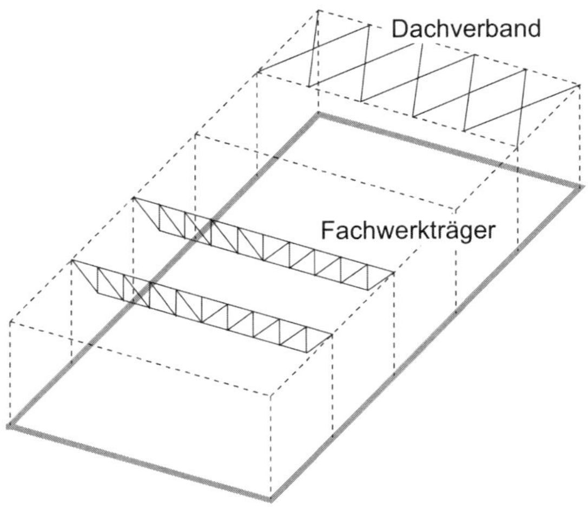

Abb. 1.10 Tragwerksteile

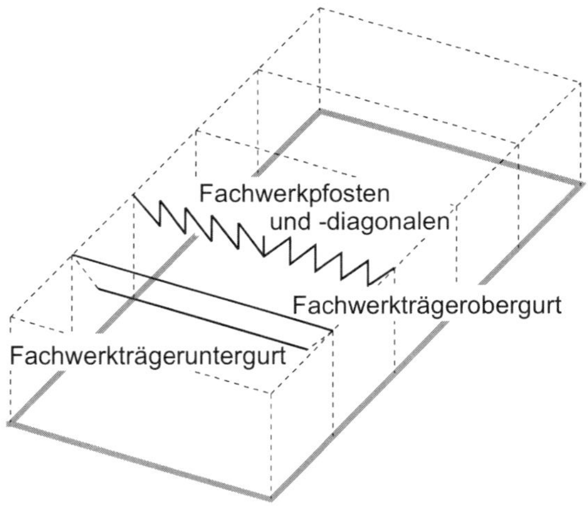

Abb. 1.11 Tragwerkselemente

1.4 Tragwerk und Material

Die Funktionsweise und die Gebrauchstauglichkeit eines Tragwerks werden neben seiner Geometrie, seiner Elementanordnung und Fügung bestimmt durch das Material, aus dem es besteht.
Die Eigenschaften dieses Materials bestimmen die Querschnittsgestaltung der Tragwerkselemente und die Herstellung des Tragwerks.
Die Fähigkeit, bestimmte Beanspruchungen wie Zug, Druck oder Biegung aufzunehmen sowie das elastische Verhalten bestimmen den Einsatz unterschiedlicher Materialien bei der Gestaltung eines Tragwerks. Hier werden Begriffe wie **Festigkeit**, **Spannung**, **Dehnung**, **Elastizitätsmodul** und **Schubmodul** bedeutend. Sie sollen nachfolgend definiert werden.

Festigkeit

Die Festigkeit eines Baustoffes ist die größte bis zu seinem Bruch aufnehmbare **Spannung (Kraft pro Flächeneinheit)** – der Widerstand des Baustoffes gegen äußere Belastung.
Baukörper müssen ihrer Beanspruchung entsprechende Festigkeiten aufweisen, damit die Standsicherheit der Konstruktion gewährleistet ist.
Abhängig von der Art der Beanspruchung werden folgende Festigkeiten unterschieden :

- **Normalspannung**

  Druckspannung[1] ⇔ **Druckfestigkeit**

  $$\sigma_{\mathrm{D}} = \frac{-D}{A}$$

  Zugspannung[2] ⇔ **Zugfestigkeit**

  $$\sigma_{\mathrm{Z}} = \frac{Z}{A}$$

- **Biegespannung** ⇔ **Biegefestigkeit**

  $$\sigma_{\mathrm{B}} = \pm\frac{M}{W}$$

- **Schubspannung** ⇔ **Schubfestigkeit**

  $$\tau = \frac{Q \cdot S}{I \cdot b}$$

---

[1] Druckkräfte und damit auch Druckspannungen sind negativ definiert.
[2] Zugkräfte und damit auch Zugspannungen sind positiv definiert.

Werte für die Festigkeit von Baustoffen werden in Laborversuchen ermittelt. Mit ihrer Hilfe werden unter Berücksichtigung von Sicherheitsbeiwerten zulässige Spannungen definiert. Diese zulässigen Spannungen sind Basis für die Dimensionierung von Bauteilen. Darüber hinaus werden die Festigkeiten in die Baustoffbezeichnung integriert. So kann man die Eigenschaften eines Baustoffes schon anhand seiner Bezeichnung erkennen.

Elastizitätsmodul

Der **Elastizitätsmodul** $\boldsymbol{E}$ wie auch der **Schubmodul** $\boldsymbol{G}$ sind ein Maß für die Verformbarkeit eines Baustoffes.

Unter dem Einfluss einer Last verformt sich ein Baustoff, er wird gedehnt, gestaucht oder verzerrt. Im Bereich geringer Dehnungen besteht ein linearer Zusammenhang zwischen Spannungen und Verformungen. Als Proportionalitätskonstante treten der Elastizitätsmodul E für die Normalverformungen und der Schubmodul G für die Schubverformungen auf.

Dieser Zusammenhang wird durch das **Hooke´sche Gesetz** $\sigma = E \cdot \varepsilon$ beschrieben. Analog gilt für die Schubverformung $\tau = G \cdot \gamma$.

Definitionen und Zusammenhänge :

Dehnung $\varepsilon_l = \frac{l - l_0}{l_0} = \frac{\Delta l}{l}$

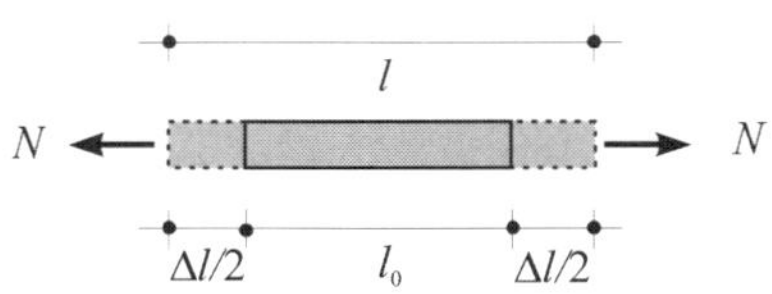

Querdehnung $\varepsilon_q = \frac{b - b_0}{b_0} = \frac{\Delta b}{b}$

Querdehnzahl $\mu = \frac{\varepsilon_q}{\varepsilon_l}$

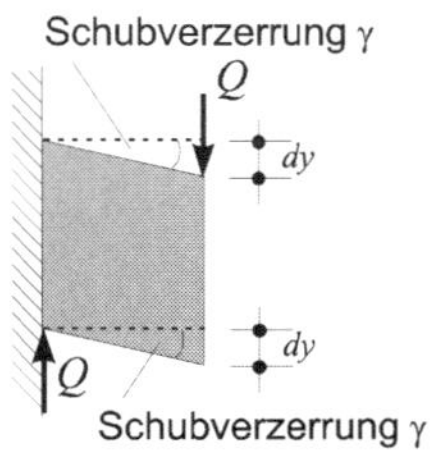

Schubverzerrung γ

Elastizitätsmodul $E = \frac{\sigma}{\varepsilon}$

$E = G \cdot 2 \cdot (1 + \mu)$

Schubmodul $G = \frac{\tau}{\gamma}$

2 Einfeldträger

Fachwerkträger

„K – Gebäude“, Flughafen Frankfurt / Main

Einfeldträger können vielfältig ausgebildet werden und unterschiedliche Formen aufweisen. Hier wird ihr generelles Tragverhalten am einfachen **Biegeträger**, am **Fachwerkträger** und am **unterspannten Träger** dargestellt.

2.1 Biegeträger[3]

2.1.1 Tragmechanismus

Der Tragmechanismus lässt sich durch die Art der Abtragung der angreifenden äußeren Kräfte in die Auflager beschreiben. Dieser Kraftfluss ist in Abb. 2.1 symbolisch dargestellt.

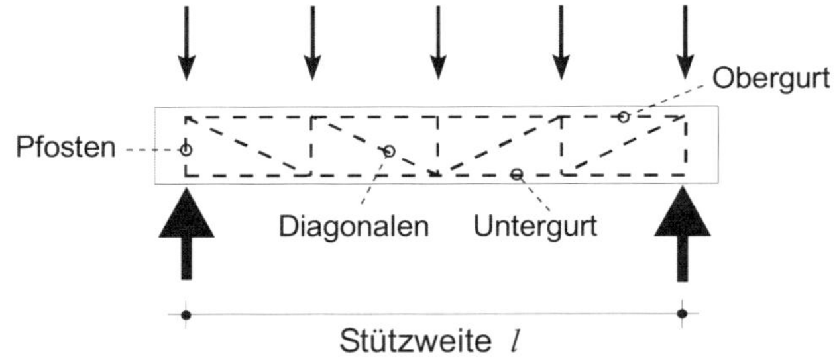

Abb. 2.1 Anschauliche Darstellung des Kraftflusses beim Biegeträger (Fachwerkmodell)

Die Abtragung der äußeren Lasten geschieht durch die im Querschnitt vorhanden Schnittgrößen, welche den äußeren Lasten das Gleichgewicht halten.

Aus den Schnittgrößen M, Q (und N) kann mit Hilfe eines Gedankenmodells für den Kraftfluss ein innerer Beanspruchungszustand definiert werden (das sog. „Fachwerkmodell“ ist in Abb. 2.1 gestrichelt dargestellt). Das Modell ermöglicht auch die Ermittlung von Spannungen. Spezifisch für den Biegeträger ist ein Modell, bei dem die Kräfte zur Aufnahme des Momentes (Gurtkräfte) und diejenigen zur Aufnahme der Querkraft (Diagonalen und Pfosten) getrennt sind. Es wird ein konstanter innerer Hebelarm vorausgesetzt.

[3] Die Abschätzung zweckmäßiger Abmessungen für Biegeträger ist im Anhang A1 angegeben.

Für einen Einfeldträger der Länge l mit der Gleichstreckenlast q kann man die Schnittgrößen M, Q (und N) über **Gleichgewichtsbedingungen** $\Sigma M = 0$, $\Sigma V = 0$ (sowie $\Sigma H = 0$) bestimmen (Abb. 2.2).

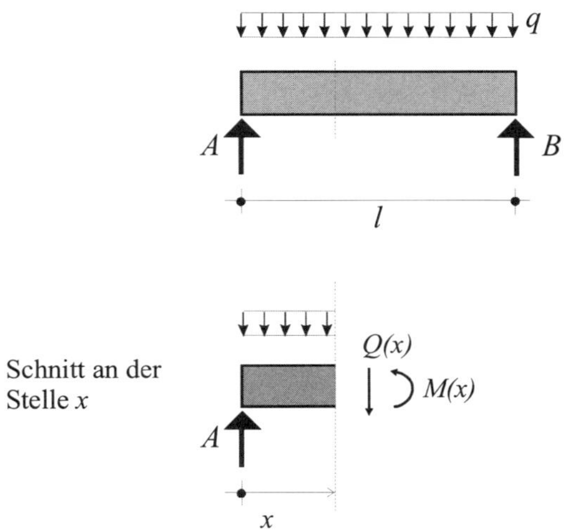

Gleichgewichtsbedingungen an einer beliebigen Stelle x

$$\sum M = 0 \Rightarrow A \cdot x - q \cdot x \cdot \frac{x}{2} - M(x) = 0 \Rightarrow M(x) = A \cdot x - \frac{c \cdot x^2}{2}$$

$$\sum V = 0 \Rightarrow A - q \cdot x - Q = 0 \Rightarrow Q = A - q \cdot x$$

an der Stelle $x = l$

$$\sum M(x = l) = 0 \Rightarrow A \cdot l - q \cdot l \cdot \frac{l}{2} = 0 \Rightarrow A = \frac{q \cdot l}{2}$$

$$\sum V = 0 \Rightarrow A + B - q \cdot l = 0 \Rightarrow B = \frac{q \cdot l}{2}$$

Maximalwerte

$\max M$ an der Stelle $x = l/2$

$\max Q$ an der Stelle $x = 0$ bzw. $x = l$

Abb. 2.2 Träger auf zwei Stützen mit Gleichstreckenlast und Gleichgewichtsbedingungen

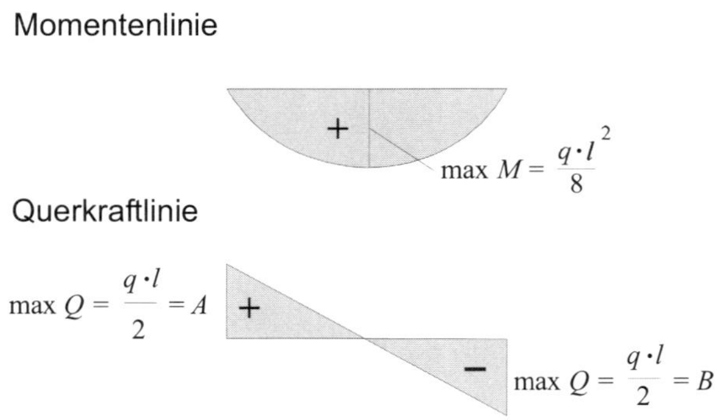

Abb. 2.3 Für Balken auf zwei Stützen mit Gleichstreckenlast:
Verlauf der Momentenlinie, max M und Verlauf der Querkraftlinie, max Q

Momentenwirkung – Biegespannungen

Lasten verformen den Träger. Dadurch entstehen Biegemomente, die im Querschnitt Spannungen ⇨ Biegespannungen hervorrufen.

Veranschaulichung: Die äußeren Kräfte bewirken eine Durchbiegung des Trägers. Dies hat zur Folge, dass die Trägerachse eine Krümmung erfährt, was zu in einer Verkürzung bzw. Verlängerung der Randfasern und damit zu einer Verdrehung der freien Trägerenden führt.

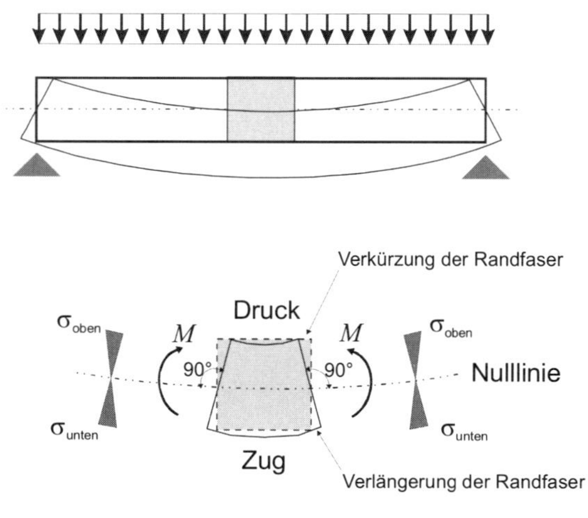

Abb. 2.4 Verformung und Biegespannungsverteilung

Die Biegespannungen errechnet man nach folgender Formel

$$\sigma = \frac{M}{I} \cdot y \qquad \textbf{bzw.} \qquad \sigma_{o,u} = \frac{M}{W_{o,u}}$$

für einen Rechteckquerschnitt gilt: $W_o = W_u = \frac{I}{d/2} = \frac{b \cdot d^2}{6}$

Biegespannungen sind linear über den Querschnitt verteilt, Maximal- bzw. Minimalwerte treten am Rand auf.
Bei dieser Betrachtung wird vorausgesetzt, dass die Querschnitte sich nicht verformen, d. h. eben bleiben.

Das Moment M ergibt sich aus dem statischen System und der Belastung.
Die Größe y sowie das Flächenmoment[4] I und das Widerstandsmoment W sind querschnittsabhängig, z.B. beträgt das Flächenmoment I für einen Rechteckquerschnitt: $I = \frac{b \cdot d^3}{12}$.

Querkraftwirkung – Schubspannungen

Der Zusammenhang zwischen Querkraft und Schubspannungen wird im Folgenden erläutert. Durch eine vertikale Belastung eines Trägers (Biegeträgers) entstehen sowohl vertikale Schubspannungen (Querschubspannungen) als auch horizontale Schubspannungen (Längsschubspannungen).

Veranschaulichung:

Ein aus dem Balken herausgeschnittenes Element muss im Gleichgewicht stehen (vgl. Abb. 2.5). Durch äußere Lasten werden vertikale Schubkräfte erzeugt, die versuchen, das Element zu verdrehen und damit eine Durchbiegung hervorrufen. Infolge dieser Durchbiegung werden horizontale Schubkräfte erzeugt, die wiederum versuchen, das Element in umgekehrter Richtung zu drehen, um dadurch das Gleichgewicht herzustellen.

[4] früher: Trägheitsmoment.

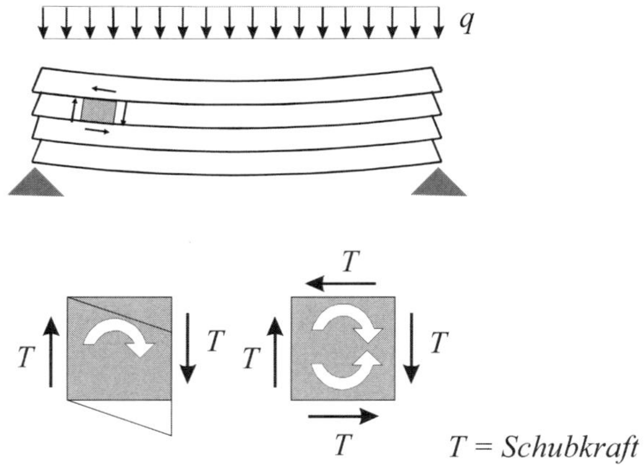

Abb. 2.5 Veranschaulichung der Schubbeanspruchung

Die Formel für Schubspannungen lautet:

$$\tau = \frac{Q \cdot S}{I \cdot b}$$

Schubspannungen sind paarweise gleich und haben den Maximalwert in der Schwerachse eines Querschnittes. Die Querkraft Q ergibt sich aus dem statischen System und der Belastung q. Die Querschnittsbreite b sowie das Flächenmoment ersten Grades[5] S sind querschnittsabhängig.

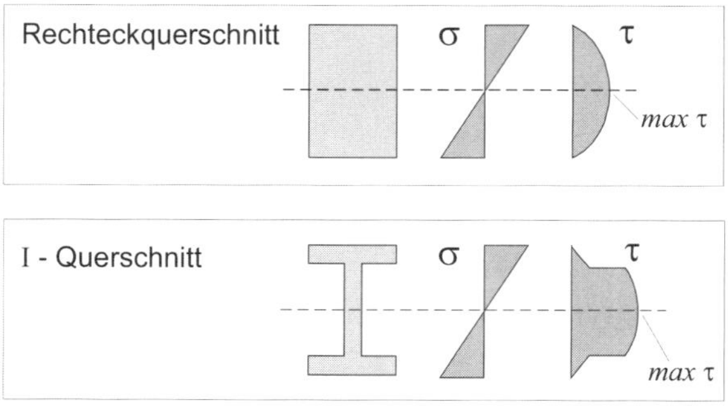

Abb. 2.6 Verteilung der Biegespannungen σ und Schubspannungen τ in einem Schnitt

[5] früher: statisches Moment.

2.1.2 Beanspruchung der Querschnittsteile

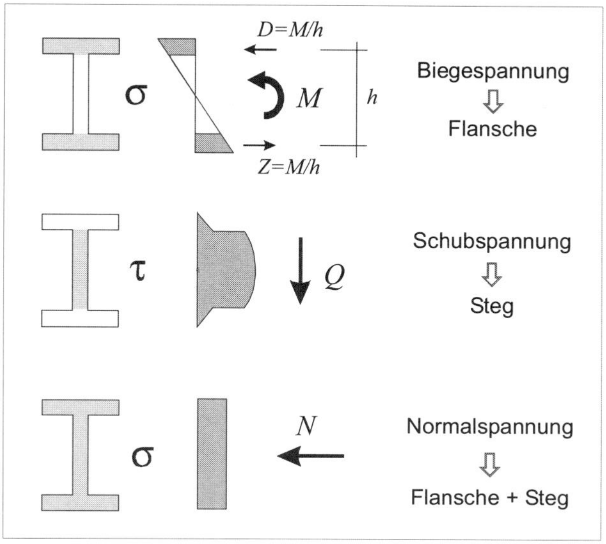

Abb. 2.7 Zuordnung der Spannungen zu Querschnittsteilen am Beispiel eines I-Querschnitts

2.1.3 Materialanordnung, Querschnittsgestaltung

Der Trägerquerschnitt, d. h. seine Flächen- (Massen-) Verteilung in Bezug auf die Schwerachse ist entscheidend für den Widerstandsmechanismus von Biegeträgern. Die Effizienz eines Querschnitts lässt sich dadurch steigern, dass man entsprechend seinem inneren Beanspruchungszustand Querschnittsbereiche mit Material (Fläche bzw. Masse) versieht, wie in Abb. 2.7 für den I-Querschnitt zu sehen ist.

Es ist jedoch zu beachten, dass die Tragfähigkeit von Baustoffen unterschiedlich ist. So sind die Zug- und Druckfestigkeiten von Stahl annähernd gleich groß, Gleiches gilt für Holz. Die Druckfestigkeit des Betons jedoch ist um das Zwanzigfache größer als seine Zugfestigkeit. Diese Materialeigenschaften haben ebenfalls Einfluss auf die Querschnittsgestaltung.

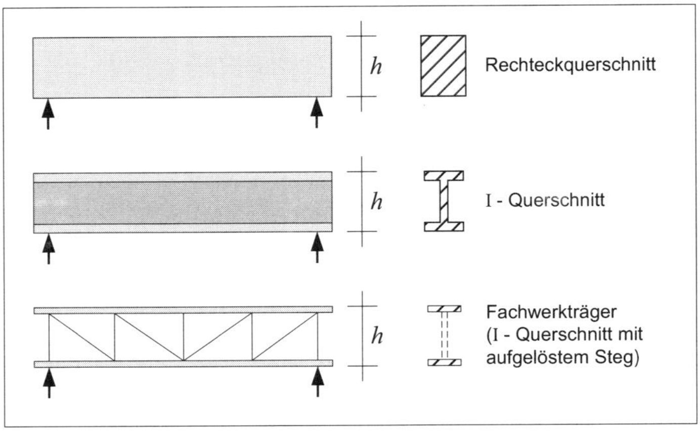

Abb. 2.8 Beispiele für die Materialanordnung beim Biegeträger

Spezifisch für den Biegeträger ist seine in Längsrichtung konstante Bauhöhe.

2.2 Träger mit veränderlicher Bauhöhe

2.2.1 Tragmechanismus

Aus dem statischen System und der Belastung ergeben sich die Schnittgrößenverläufe, die einen Eindruck von der inneren Beanspruchung längs der Trägerachse vermitteln. Ihre Kenntnis ist Voraussetzung für die Gestaltung und Formgebung.

Im Regelfall ist die Bauhöhe des Biegeträgers von der Größe des Biegemomentes abhängig, damit entspricht die statisch sinnvolle Trägerform dem Verlauf der Momentenlinie. Ein solcher Träger mit veränderlicher Bauhöhe wird auch als formaktives Tragsystem bezeichnet.

Die unterschiedliche Verteilung der Beanspruchung über die Trägerlängsachse führt zu unterschiedlichen Erfordernissen an die Querschnittsabmessungen. Die Abhängigkeit und der Zusammenhang von Belastung, Biegemoment und Querkraft darf dabei aber auf keinen Fall vernachlässigt werden. Bei Trägerdurchbrüchen sind daher die Schnittgrößen besonders zu beachten! Durchbrüche sollten im Bereich geringer Querkräfte liegen.

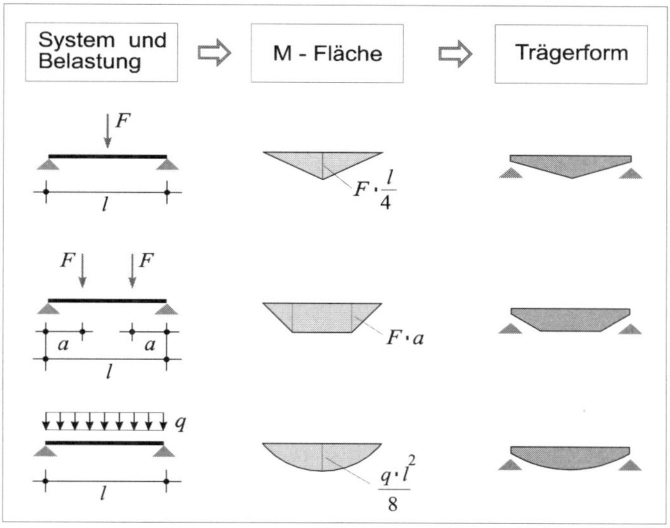

Abb. 2.9 Qualitative Trägerform in Abhängigkeit von der Momentenfläche

2.2.2 Beanspruchung der Querschnittsteile

Infolge der veränderlichen Bauhöhe ist bei formaktiven Tragsystemen im Allgemeinen eine Aufteilung von Biegemoment und Querkraft auf einzelne Querschnittselemente gemäss Abb. 2.7 nicht möglich.

Dieser Sachverhalt wird an einem einfachen Fachwerk mit veränderlicher Bauhöhe erläutert.

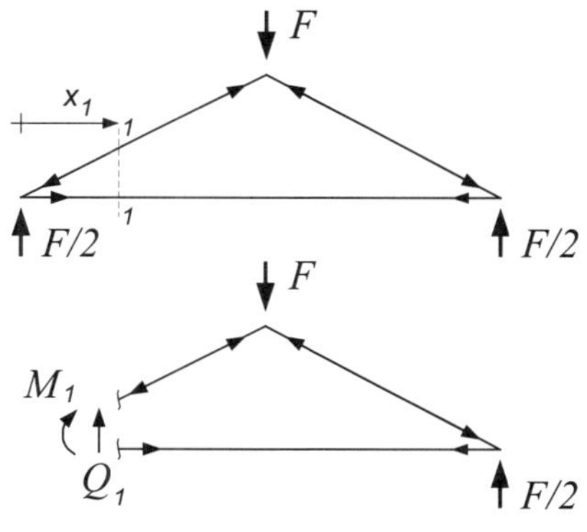

Abb. 2.10 Einfacher Fachwerkträger mit veränderlicher Bauhöhe

Der Obergurt besteht hier aus geneigten Stäben. Die Kraft in den Stäben kann in eine horizontale und eine vertikale Komponente zerlegt werden. Die horizontale Komponente steht zusammen mit der Zugkraft im Untergurt mit dem äußeren Biegemoment $M_1 = (F/2) \cdot x$ im Gleichgewicht.

2.2.3 Materialanordnung, Querschnittsgestaltung

Eine zusätzliche Steigerung der Effektivität des Tragwerks kann auch bei veränderlicher Trägerhöhe durch die Querschnittsform erreicht werden, wobei der Begriff des Querschnitts durch die o. g. Kopplung der Tragwirkung in horizontaler und vertikaler Richtung ebenso wie die Begriffe Moment, Querkraft (und Normalkraft) eine abstrakte Bedeutung bekommt.

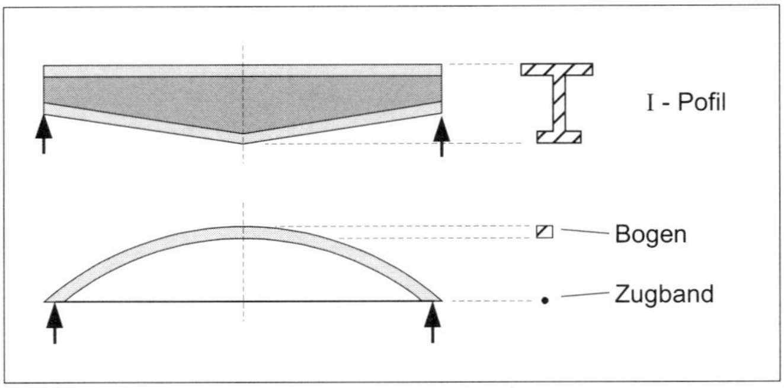

Abb. 2.11 Materialanordnung

2.3 Fachwerkträger[6]

2.3.1 Fachwerkmechanismus

Fachwerkträger wurden bereits im vorstehenden Kapitel angesprochen. Aufgrund der Bedeutung des Fachwerks, sowohl als Tragstruktur als auch im Rahmen der Erklärung der Tragwirkung von Vollwandträgern, sollen hier einige Ergänzungen vorgenommen werden.

Um den Tragmechanismus eines Fachwerkes zu verstehen, ist es sinnvoll, den Fachwerkträger im Vergleich zum Biegebalken zu betrachten. Die unterschiedlichen Tragmechanismen lassen sich durch die Art der Umlenkung der am Tragwerk angreifenden äußeren Kräfte beschreiben.

Biegebalken : Die Umlenkung der äußeren Kräfte geschieht durch den steifen Querschnitt, man spricht auch von einem biegeaktiven Tragsystem.

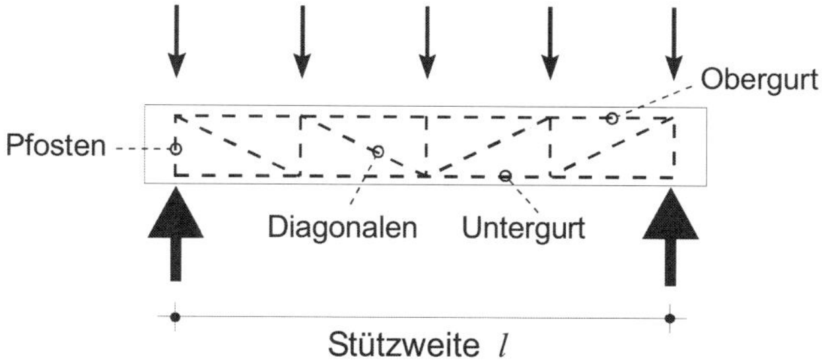

Abb. 2.12 Biegeaktive Kraftumlenkung

Fachwerk : Die Umlenkung der äußeren Kräfte geschieht durch die geeignete Anordnung von Einzelstäben, wodurch eine vektorielle[7] Aufspaltung der Kräfte möglich wird (Abb. 2.14), man spricht auch von einem vektoraktiven[8] Tragsystem.

---

[6] Eine Angabe zur Vordimensionierung von Fachwerkträgern enthält Anlage A2.
[7] Die Definition eines Vektor siehe Abschnitt 1.2.3.
[8] Die Bezeichnung „vektoraktiv" ist im Umfeld des Fachbereiches Architektur der TU Darmstadt in Anlehnung an *Engel* gebräuchlich.

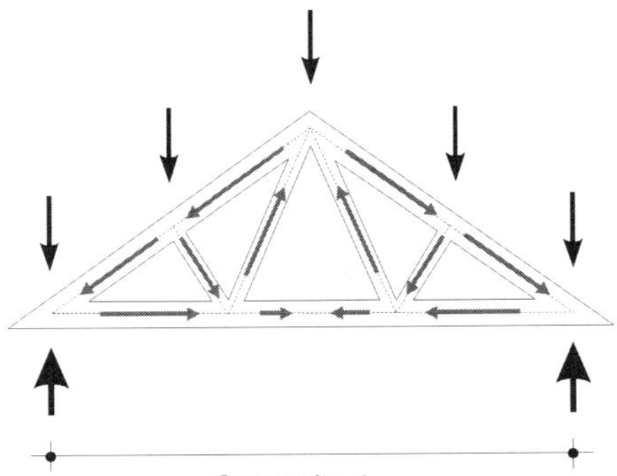

Abb. 2.13 Anschauliche Darstellung der vektoraktiven Kraftumlenkung

2.3.2 Stabanordnung

Abb. 2.14(a) verdeutlicht, dass die Aufspaltung der dargestellten Kraft F in Komponenten (d. h. die Vektorzerlegung) nicht möglich ist, da sich kein geschlossenes Krafteck darstellen lässt. Der betrachtete Stab trägt über Biegung, er ist ein Biegestab.

Demgegenüber kann entsprechend Abb. 2.14(b) die dargestellte Kraft F in die Einzelkomponenten F_1 und F_2 aufgespalten werden. Je größer dabei der Winkel α wird, umso größer werden die Einzelkräfte (Abb. 2.14(c)).

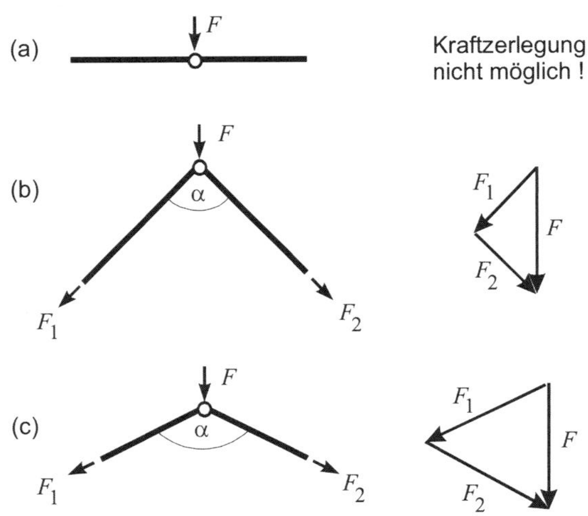

Abb. 2.14 Zerlegung einer Kraft in Komponenten

2.3.3 Tragmechanismus

Betrachtet wird ein Einfeldträger der Länge l mit einer Einzellast F in Feldmitte.

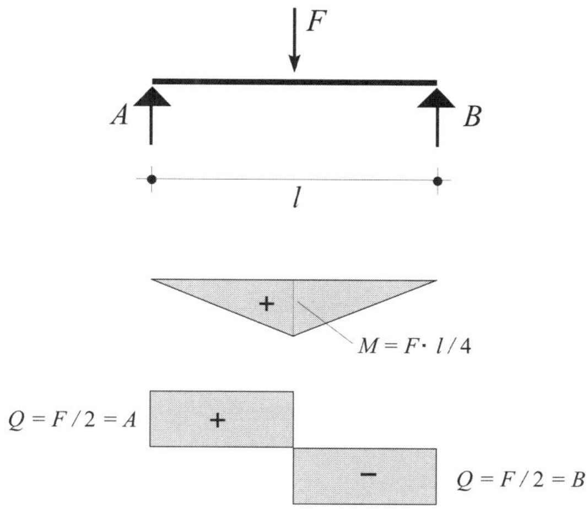

Abb. 2.15 Einfeldträger mit Einzellast in Feldmitte, Momentenlinie, Querkraftlinie

Aufnahme des Biegemomentes

Biegeträger : Die Belastung wird über ein Kräftepaar aufgenommen; dabei sind nur die Randfasern des Querschnitts voll ausgenutzt.

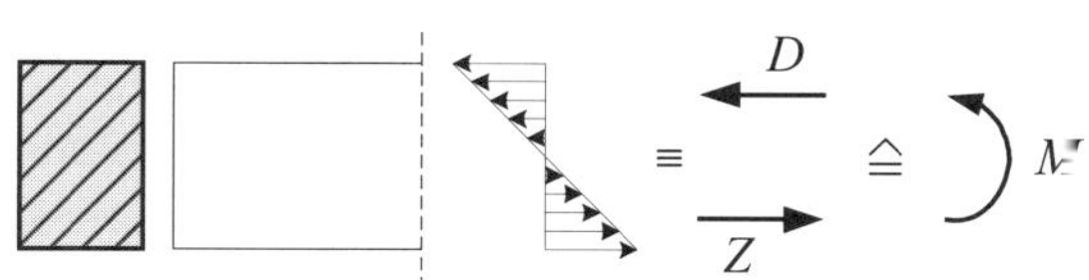

Fachwerk : Die Biegespannung wird direkt durch Kräfte im Ober- und Untergurt aufgenommen[9].

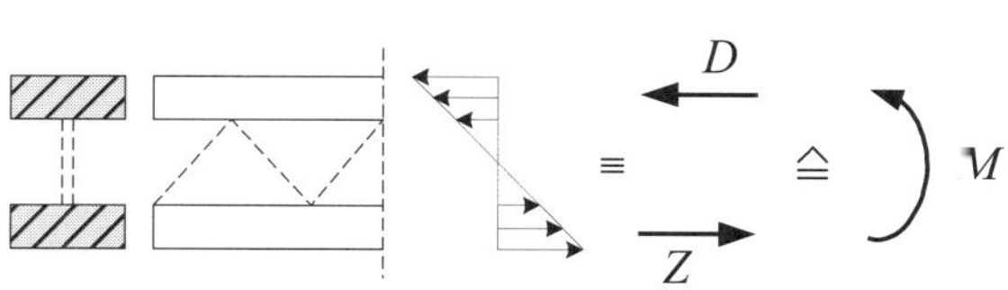

[9] Dies wird in Anhang A2 an einem Beispiel dargestellt.

Aufnahme der Querkraft

Biegeträger : Die Querkraft wird über die Schubkräfte zwischen den einzelnen Fasern des Querschnitts aufgenommen (vgl. auch Abb. 2.5; hier sind nur die Längsschubkräfte dargestellt).

Fachwerk : Die Querkraft wird über Füllstäbe (Vertikalstäbe und Diagonalen), welche Ober- und Untergurt verbinden, aufgenommen.

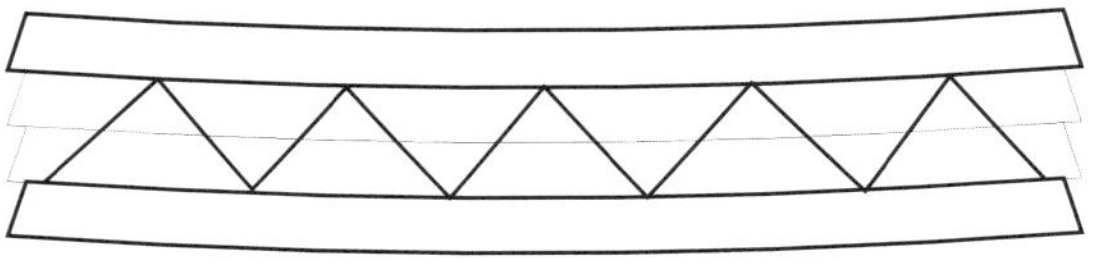

2.3.4 Fachwerkaufbau – Bildungsgesetz

Annahmen und Voraussetzungen

- Fachwerkknoten werden als Gelenke angenommen, d. h. die Stäbe sind nicht eingespannt, es treten nur Normalkräfte auf (Vektoraufspaltung).
- Belastungen greifen am Knoten an, d. h. am Fachwerkstab zwischen den Knoten angreifende Lasten erzeugen in diesem Biegemomente.
- Knoten sind zentriert, d. h. die Systemachsen (Schwerachsen) der Fachwerkstäbe schneiden sich in einem Punkt, dem Knoten, es treten keine ungewollten Exzentrizitätsmomente auf (Abb. 2.16).
- Winkel zwischen den einzelnen Fachwerkstäben liegen zwischen 45° und 60°, dadurch sind die betragsmäßigen Unterschiede der Kräfte gering.

Bildungsgesetz

Ausgang : Grunddreieck

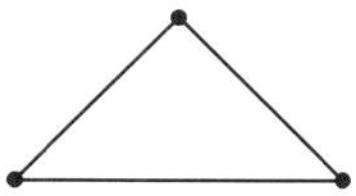

Aufbau : Jeder neue Knoten wird durch zwei Stäbe angeschlossen.

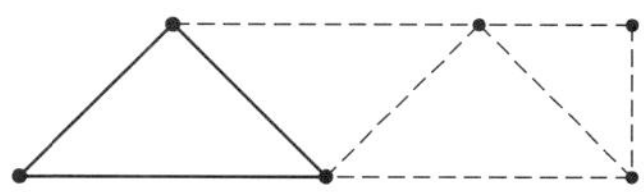

Ergebnis : Der Verband von Dreiecken bildet das Fachwerk.

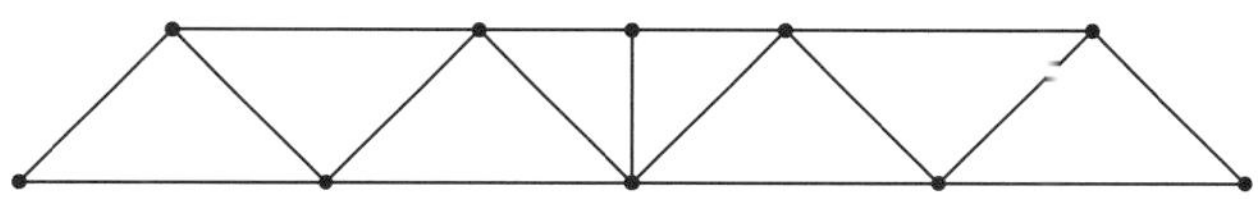

Begründung : Im Gegensatz zum Gelenkviereck ist das Gelenkdreieck stabil; eine in das Gelenkviereck eingezogene Diagonale stabilisiert das System.

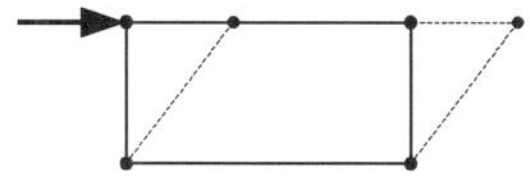

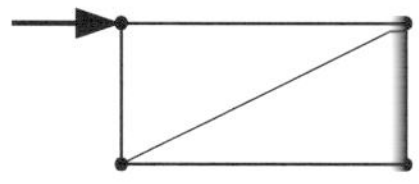

Arten : Je nach der Art der Normalkraftbeanspruchung der Diagonalen werden **Zugdiagonalen** und **Druckdiagonalen** unterschieden.

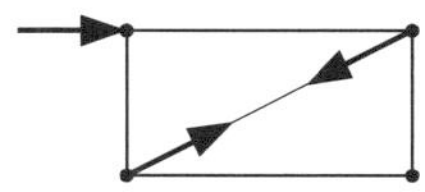

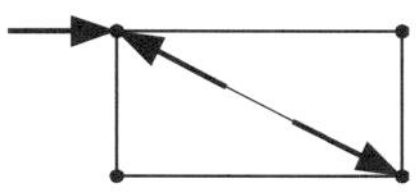

2.3.5 Formen von Fachwerkträgern

Grundsätzlich werden zwei Formen von Fachwerken unterschieden, **Strebenfachwerke** und **Pfostenfachwerke**. Das sog. K-Fachwerk ist eine spezielle Form des Pfostenfachwerkes (Abb. 2.17).

Neben den parallelgurtigen Fachwerkträgern gibt es noch Formen mit geneigten oder gebogenen Ober- und / oder Untergurten. Hier sind der so genannte Fischbauchträger, das Linsenfachwerk oder der Satteldachbinder bekannte Formen.

2.3.6 Klassifizierung der Diagonalen

Es werden **Zugdiagonalen** und **Druckdiagonalen** unterschieden[10]. Dabei gilt für die Zuordnung die folgende Regel:

- vom Querkraftnulldurchgang zum Auflager hin steigende Diagonalen sind Zugdiagonalen,
- vom Querkraftnulldurchgang zum Auflager hin fallende Diagonalen sind Druckdiagonalen.

2.3.7 Stabilitätsprobleme

Druckbeanspruchte Bauteile sind stabilitätsgefährdet. Bei Fachwerken können die Stabilitätsprobleme Knicken und Kippen auftreten.

Knicken : Die Druckstäbe von Fachwerken können sowohl in Fachwerkebene wie auch aus der Fachwerkebene heraus knicken. Die Knicklänge des Druckstabes ist dabei seine Länge d. h. der Abstand zwischen unverschieblichen Knoten.

Kippen : Der gedrückte Gurt des Fachwerkes (i. d. R. der Fachwerkobergurt) kann seitlich aus der Fachwerkebene ausweichen.

[10] Vgl. Abschnitt 2.3.4 und Anhang A2.

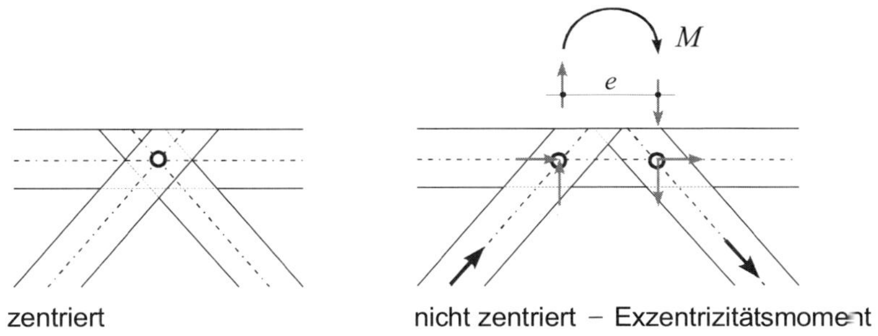

Abb. 2.16 Zentrierung des Fachwerkknotens

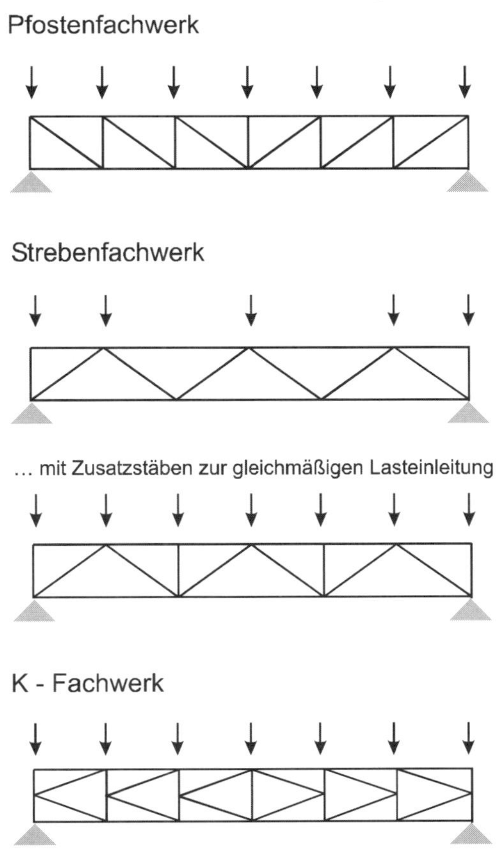

Abb. 2.17 Fachwerkgrundformen

2.4 Unterspannter Träger[11]

2.4.1 Tragmechanismus

Beim unterspannten Träger lässt sich die Tragwirkung am einfachsten über die Umlenkung der äußeren Kräfte erläutern.

Ein unterspannter Träger als Einheit ist ein Einfeldträger, er setzt sich jedoch aus mehreren Komponenten zusammen. Der Obergurtträger ist ein Biegeträger. In ihm wirken Biegemomente und Querkräfte. Da der Träger durch eine (oder mehrere) Spreizen zwischenunterstützt ist (es entsteht eine Art Mehrfeldträger), wird die in die Zwischenunterstützung eingeleitete Druckkraft über Zugbänder in die Auflagerpunkte des Trägers geleitet. Die Kraftkomponenten des Zugbandes werden als Vertikallast in die Auflager und als Druckkraft in den Obergurtträger geleitet. Spreize und Zugband werden nur durch Normalkräfte belastet.

Der unterspannte Träger setzt sich aus einem biegeaktiven Obergurtträger und einem vektoraktiven System aus Spreize und Zugband zusammen. Durch dieses System wird der unterspannte Träger als Einheit zu einem Träger mit veränderlicher Bauhöhe. Der unterspannte Träger ist somit auch formaktiv. Er ist ein Beispiel für eine hybride Tragstruktur.

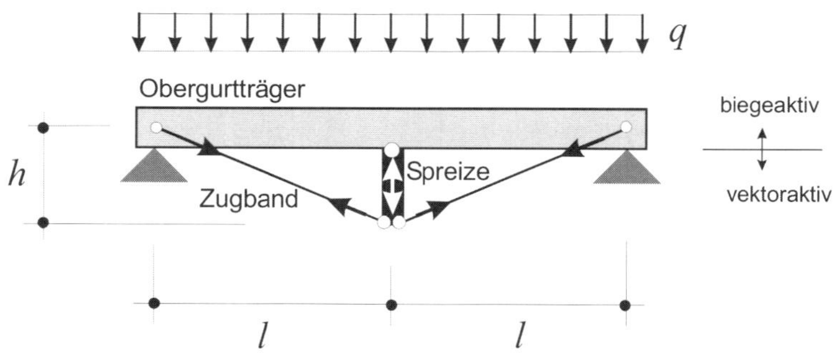

Abb. 2.18 Tragmechanismus des unterspannten Trägers

[11] Angaben zur überschlägigen Dimensionierung unterspannter Träger enthält Anhang A3.

2.4.2 Annahmen und Voraussetzungen

- Der Obergurt ist ein biegesteif durchlaufender Träger (Vergleich: beim Fachwerk werden alle Stäbe, auch der Obergurt, als Gelenkstäbe angenommen).
- Spreize und Zugband sind gelenkig angeschlossen.
- Die Spreize bildet kein festes Auflager, sondern wirkt als ein elastisches Auflager. Sie ist einer Feder vergleichbar.

2.4.3 Das elastische Auflager entspricht einer „Feder"

Betrachtet man einen Zweifeldträger mit einer konstanten Belastung q so wirken an den Auflagern die Auflagerkräfte A, B und C.
Entfernt man das Lager B und ersetzt es durch Spreize und Zugband, so wird diese Auflagerkraft B als Spreizenkraft S zum Zugband geleitet.
Unter dieser Last verlängert sich das Zugband um $2\Delta l$, was dazu führt, dass sich die Spreize und damit der Träger um den Betrag f absenkt (vgl. Abb. 2.19).

Nachdem sich ein neuer Gleichgewichtszustand eingestellt hat erfolgt keine weitere Absenkung. Wird nun die Last auf dem Träger reduziert, verringert sich die Spreizenkraft. Durch das elastische Verhalten des Zugbandes verringert sich auch dessen Verlängerung und damit die Absenkung des Trägers.
Dieses Verhalten entspricht dem einer Feder.

Verlängerung des Zugbandes (vgl. Abb. 2.19)

Für das Zugband gilt

$$\sigma = E \cdot \varepsilon = E \cdot \frac{\Delta l}{l}$$ Hooke´sches Gesetz

$$\sigma = \frac{Z}{A}$$ Normalspannung

Gleichsetzen liefert

$$\frac{Z}{A} = E \cdot \frac{\Delta l}{l} \Rightarrow \Delta l = \frac{Z}{E \cdot A} \cdot l$$

Die Verlängerung der „Feder" und damit ihre Steifigkeit sind also abhängig von der so genannten **Dehnsteifigkeit** $\boldsymbol{E \cdot A}$ des Zugbandes.

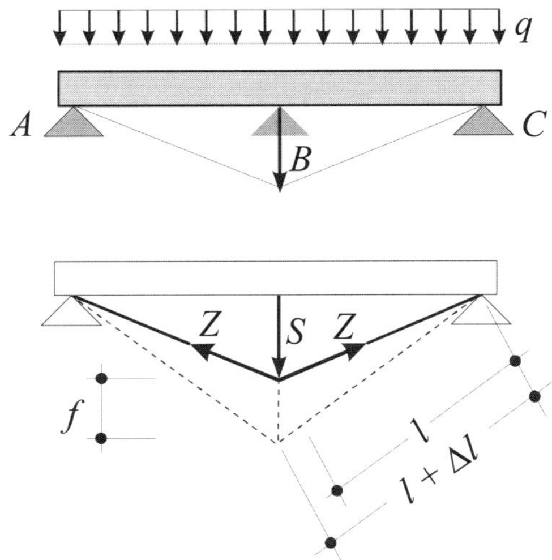

Abb. 2.19 Veranschaulichung der Feder

Bedeutung der Federsteifigkeit

Die Dehnsteifigkeit der Feder hat großen Einfluss auf die Momentenbelastung des Obergurtträgers.
Eine steife Feder (vergleichbar dem festen Mittelauflager eines Zweifeldträgers) führt zu einem Stützmoment über der Spreize.
Eine sehr weiche Feder bewirkt, dass sich der Träger wie ein Einfeldträger verhält. Es entsteht ein großes Feldmoment.
In Wirklichkeit liegt die Federsteifigkeit und damit der Momentenverlauf des Obergurtträgers zwischen diesen Grenzwerten, was darüber hinaus durch Vorspannung des Zugbandes stark beeinflusst werden kann (vgl. Abb.2.20).

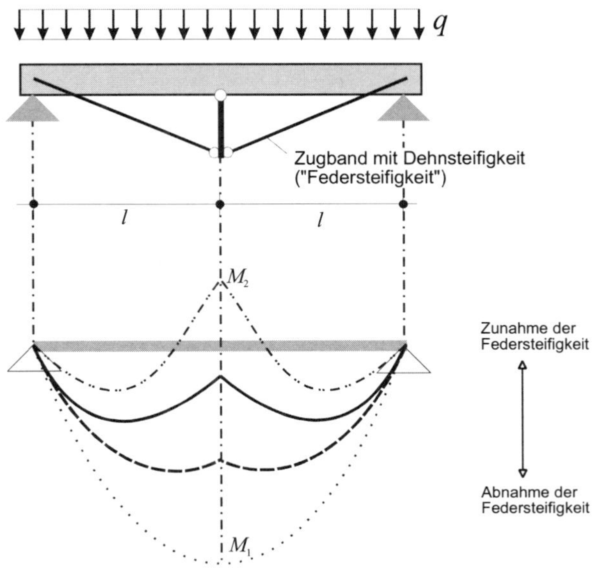

„Grenzwerte“

······· Einfeldträger – „keine Zwischenfeder“ $M_1 = \frac{q \cdot (2 \cdot l)^2}{8} = \frac{q \cdot l^2}{2}$

-··-··-·· Zweifeldträger – „steife Zwischenfeder“ $M_2 = -\frac{q \cdot l^2}{8}$

Abb. 2.20 Momentenverläufe für den Obergurtträger eines unterspannten Trägers bei unterschiedlichen Federsteifigkeiten

2.4.4 Wahl der Baustoffe

Als Baustoffe kommen für alle Elemente des unterspannten Trägers Holz und Stahl in Frage.

Welche Werkstoffgüten setzt man dabei sinnvollerweise ein ?

Da der Träger ein auf Biegung beanspruchtes Bauteil ist, wird für seine Bemessung die maximal aufnehmbare Biegespannung relevant. Je höher die zulässige Spannung ist, umso filigraner kann der Querschnitt gestaltet werden.

Dabei ist jedoch zu beachten, dass mit kleiner werdendem Querschnitt auch das Trägheitsmoment verringert wird, was wiederum dazu führt, dass die Durchbiegung des Trägers vergrößert wird. Eine höherwertige Baustoffgüte ist also nicht unbedingt sinnvoll.

Dies zeigt sich noch deutlicher bei der Betrachtung des Zugbandes. Die erforderliche Querschnittsfläche A des Zugbandes nimmt mit zunehmender Baustoffgüte ab, da die zulässigen Spannungen (zul σ_Z) größer werden:

$A = Z / \text{zul}\ \sigma_Z$ wenn zul σ_Z größer wird, wird A kleiner.

Da der geringere Querschnitt aber größere Verformungen (Δl) mit sich bringt, wird die "Feder" insgesamt weicher:

$\Delta l = \frac{Z}{E \cdot A} \cdot l$ wenn $E \cdot A$ kleiner wird, wird Δl größer.

Bei Beibehaltung des Grundwerkstoffes (E = konstant) ist die Federsteifigkeit also von der Querschnittsfläche abhängig.

2.4.5 Formen von unterspannten Trägern

Variationsmöglichkeiten bestehen in der **Spreizenanzahl** und **Spreizenanordnung**, der **Obergurtneigung** und der **Grundrissanordnung**.

Spreizenanzahl / Spreizenanordnung

- Von der Anzahl her sind bis zu vier Spreizen sinnvoll. Durch Erhöhung der Spreizenanzahl werden die Momente im Träger reduziert. Jedoch wird der Umlenkwinkel α am Spreizenfuß mit zunehmender Spreizenzahl kleiner, was dazu führt, dass sich die Kraft im Zugband wesentlich vergrößert.
- Die Anordnung der Spreizen ist relativ unbedeutend. Man sollte sich hier an der Momentenbelastung des Trägers orientieren, d. h. möglichst gleiche Feldlängen wählen.
- Die Überlagerung von zwei unterspannten Systemen führt zur Reduzierung der Durchbiegung des Gesamtsystems, da große Kraftumlenkwinkel vorhanden sind.
  $\Rightarrow$ "FastFachwerk"

- Die Einfügung von Zwischenverbänden macht das Gesamtsystem für unsymmetrische Lasten brauchbar.
  ⇒ "FastFachwerk"

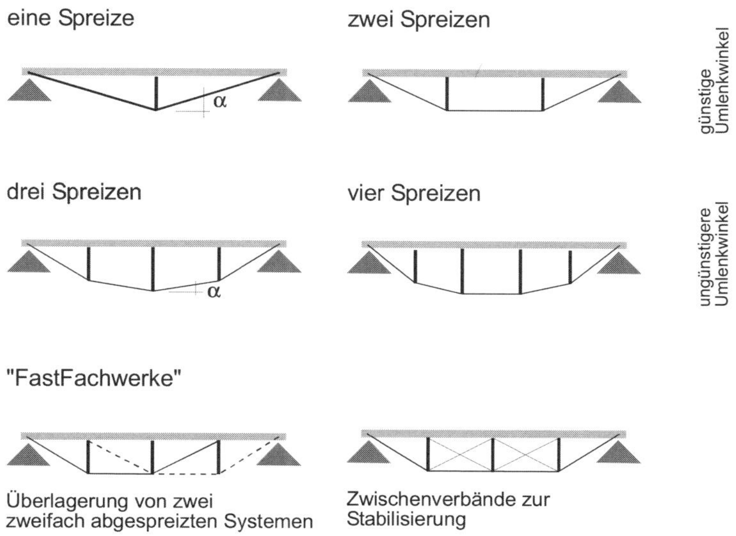

Abb. 2.21 Mögliche Spreizenanordnung

Obergurtneigung

Es sind gerade, geneigte, aber auch gebogene Obergurte möglich.

Bei gebogenen Obergurten ist zu beachten, dass es sich um ein druckbeanspruchtes Tragwerkselement handelt, welches durch zu große "Vorauslenkung" an Instabilität zunimmt.

Grundrissanordnung

Unterspannte Träger können über rechteckigen, quadratischen oder kreisförmigen Grundrissen angeordnet werden.

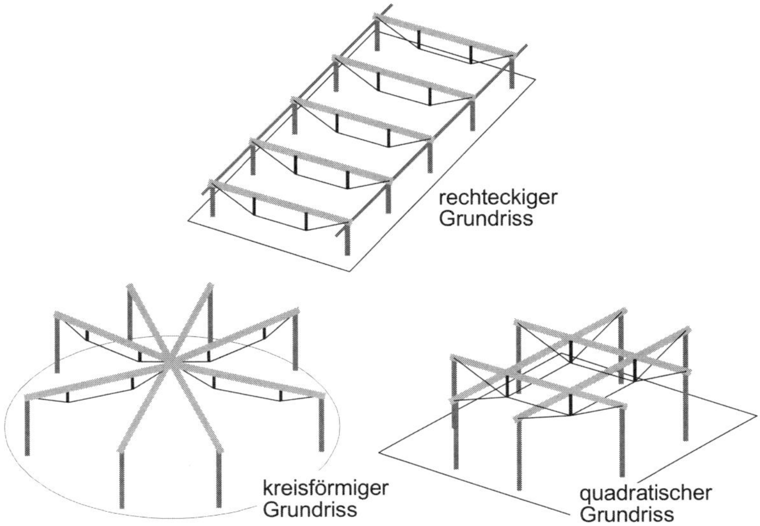

Abb. 2.22 Möglichkeiten der Grundrissanordnung

2.4.6 Belastung

Unterspannte Träger sind durch symmetrische Lasten ideal belastet. Für asymmetrische Lasten ist das System jedoch nur bedingt stabil. Hier kann man durch Einfügung eines Verbandes das System jedoch steifer und damit für asymmetrische Lasten geeigneter machen (vgl. Abb. 2.23).

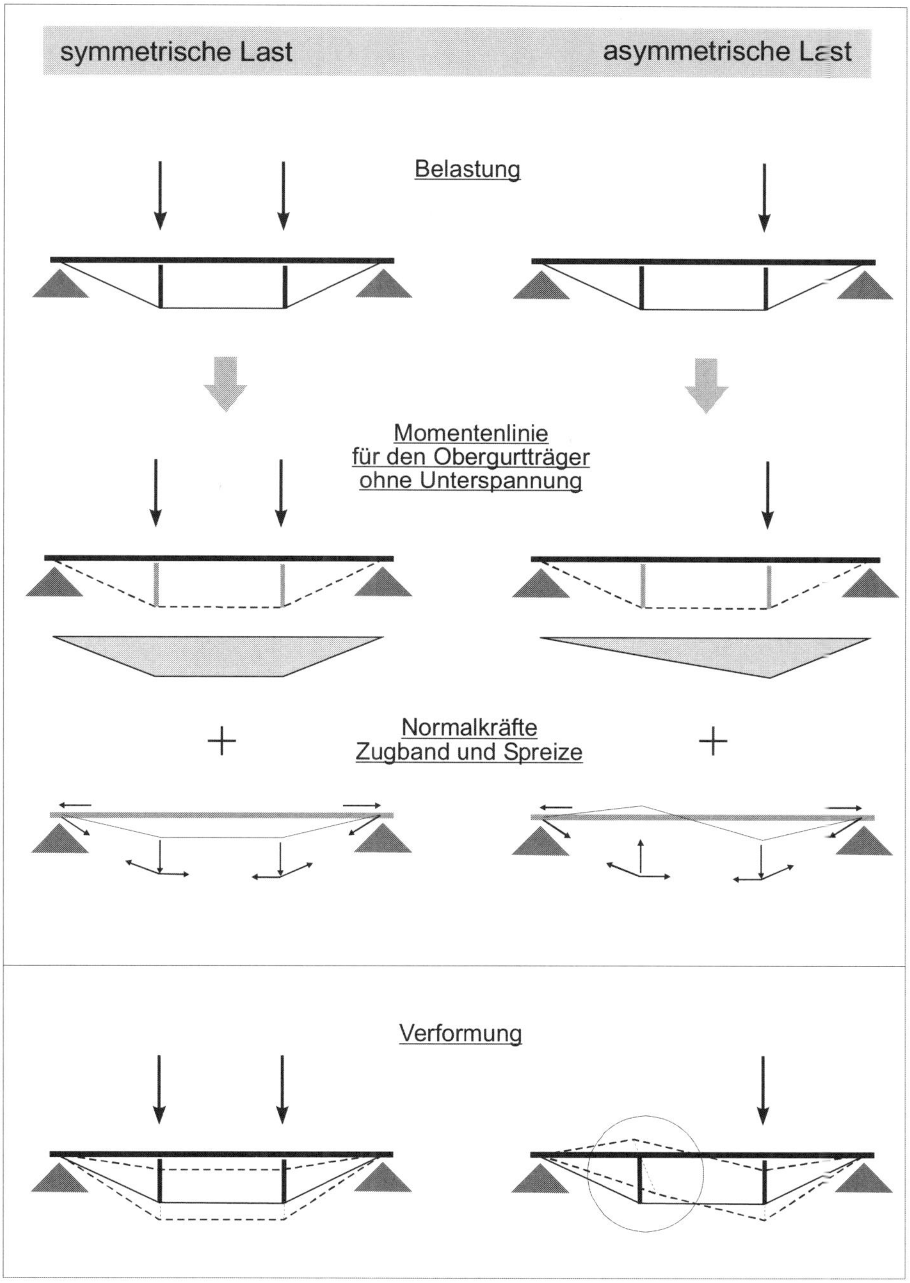

Abb. 2.23 Lastabtragung bei symmetrischer und asymmetrischer Last

2.4.7 Stabilisierung von unterspannten Trägern

Unterspannte Träger bedürfen keiner großen Stabilisierung. Lediglich der Spreizenfuß (dort wird die Zugkraft umgelenkt) ist gegen seitliches Ausweichen zu sichern. Hier handelt es sich aber nur um konstruktive Stabilisierungsmaßnahmen.

Möglichkeiten (siehe Abb. 2.24)

- Kopplung der Spreizenfüße mittels durchgehende Zugbänder oder durch Verbände (Zugelemente). Diese müssen in der Trägerebene rückgehängt werden.
- Abstützung der Spreize gegen die Trägerebene über Druckelemente.
- Einspannung der Spreize in den Träger.

2.4.8 Einsatzmöglichkeiten von unterspannten Trägern

Der Einsatz von unterspannten Trägern ist bei Dachkonstruktionen ideal, ebenso bei Stegen oder kleineren Übergängen. Bedingt durch sein eigenwilliges Verformungsverhalten, welches von vielen Faktoren bestimmt wird, ist er für die Abtragung von Geschosslasten jedoch nicht geeignet.

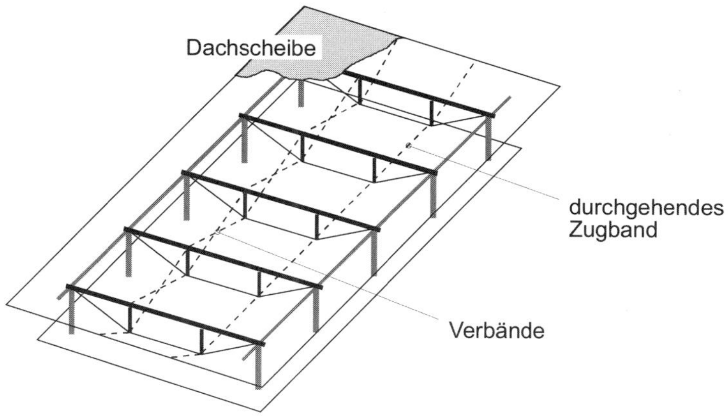

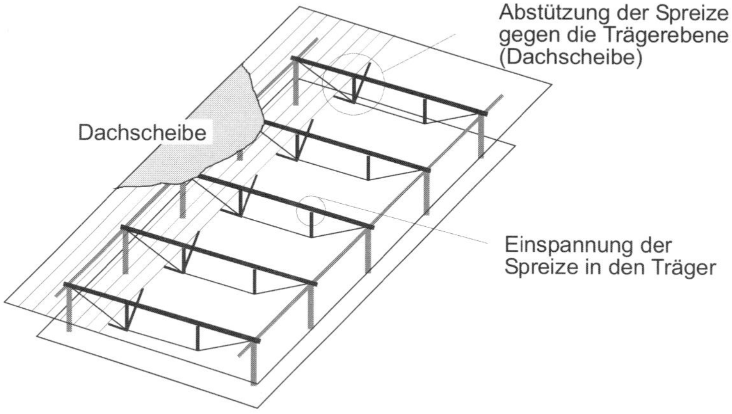

Abb. 2.24 Mögliche Stabilisierungsvarianten

3 Mehrfeldträger

Autobahnbrücke bei München

3.1 Definition

Mehrfeldträger sind Träger, die als Erweiterung eines Einfeldträgers über zwei, drei oder mehr Felder gespannt sind und entsprechend viele Auflagerpunkte besitzen. Dabei werden grundsätzlich zwei Trägerarten unterschieden, der **Durchlaufträger** und der **Gelenkträger**.

Durchlaufträger : Durchlaufträger haben einen vom Trägeranfang bis zum Trägerende durchlaufenden Querschnitt, welcher unter Umständen an den Momentenverlauf angepasst sein kann. Es sind **statisch unbestimmte Systeme**, die allein mit den Gleichgewichtsbedingungen nicht mehr berechnet werden können.

Gelenkträger : Gelenkträger sind **statisch bestimmte Systeme**, die aus einer geeigneten Aneinanderreihung von Einfeldsystemen mit Kragarmen bestehen und an den Verbindungsstellen durch Gelenke miteinander verbunden sind.

Mehrfeldträger können Vollwandträger, ebene und räumliche Fachwerkträger, unter- oder abgespannte Träger sein. Die Aussagen zu diesen Trägern können unter Beachtung der geänderten Momentenverteilung auf Mehrfeldträger übertragen werden.

Warum statisch unbestimmte Systeme ?

Statisch unbestimmte Systeme haben im Vergleich zu statisch bestimmten Systemen ausgeglichenere Momentenverläufe (siehe Abschnitt 2.2.2) mit geringeren Absolutwerten sowie geringere Durchbiegungen.

Daraus resultieren
- eine geringere Bauhöhe der Träger,
- ein geringerer Materialverbrauch und
- geringere Verformungen.

Die Ausführbarkeit der Konstruktion hinsichtlich Herstellung und Montage ist einfacher. Zu beachten ist jedoch, dass unterschiedliche Setzungen und Temperturdifferenzen zu zusätzlichen Beanspruchungen der Konstruktion führen!

3.2 Durchlaufträger

3.2.1 Mechanismus der Durchlaufwirkung

Am Beispiel von zwei aneinandergereihten Einfeldträgern (idealisiert durch ein Gelenk zwischen den Trägern) und der einfachsten Form des Durchlaufträgers, dem Zweifeldträger, kann die Durchlaufwirkung anschaulich dargestellt werden (vgl. Abb. 3.1).

Während im ersten Fall die Durchbiegungen eines Feldes nicht auf das andere übertragen werden und Lasten nur das Feld beanspruchen, in dem sie aufgebracht sind, werden beim Zweifeldträger Durchbiegungen von einem auf das andere Feld übertragen. Damit werden die Lasten vom gesamten Träger aufgenommen.

3.2.2 Statische Bestimmtheit / Unbestimmtheit

Der Einfeldträger ist statisch bestimmt, seine Berechnung ist mit den **Gleichgewichtsbedingungen** $\Sigma M = 0$, $\Sigma V = 0$, $\Sigma H = 0$ möglich. Der Einfeldträger hat maximal zwei Auflager bzw. beim Kragträger eine Einspannung.

Der Durchlaufträger ist statisch unbestimmt, zusätzlich zu den drei oben genannten Gleichgewichtsbedingungen müssen Verformungsbedingungen berücksichtigt werden.
Diese Verformungsbedingungen kommen aus der Kontinuität der Biegelinie über den Zwischenauflagern. Das Stützmoment M_{ST} (siehe Abb. 3.2) stellt die Kontinuität über den Zwischenauflagern her und sichert damit die Durchlaufwirkung, die eine ausgeglichene Momentenverteilung bedingt und dadurch eine bessere Querschnittsausnutzung ermöglicht.

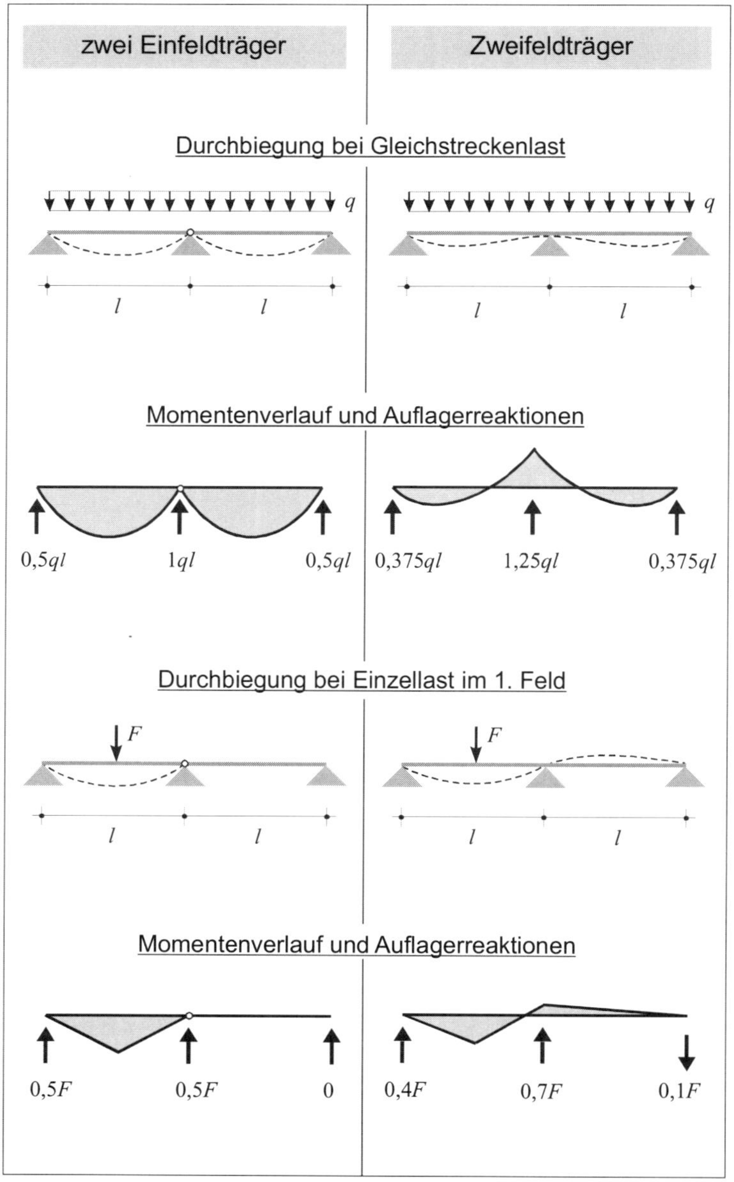

Abb. 3.1 Erläuterung der Durchlaufwirkung

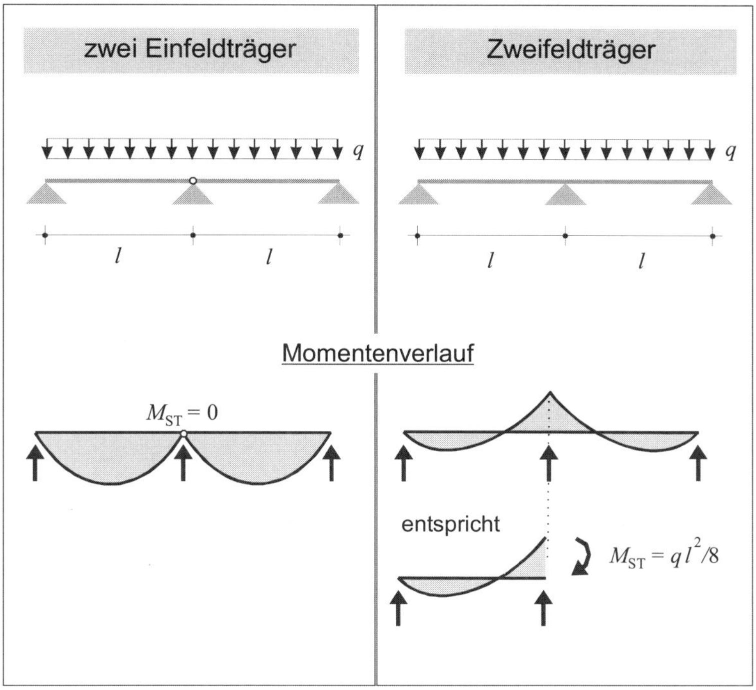

Abb. 3.2 Das Stützmoment

3.2.3 Feldlängen

Bei Durchlaufträgern hat die Länge der Einzelfelder Einfluss auf den Momentenverlauf.

Über die Variation der Stützweiten kann eine betragsmäßige Angleichung von Feld- und Stützmomenten erfolgen (siehe Abb. 3.3(c) und (d)). Dies führt zu einer guten Querschnittsausnutzung bei Biegeträgern !

Gegenüber dem Einfeldträger (Abb. 3.3(a)) reduziert sich das Moment im Feld 1 bei Durchlaufträgerausbildung im Fall (c) um 36 % und im Fall (d) um 65 %.

Die Fälle (c) und (d) unterscheiden sich hinsichtlich des Feldmomentes M_{F1} um – 45 %, des Feldmomentes M_{F2} um + 74 % und des Stützmomentes M_S um – 20 %.

(a)

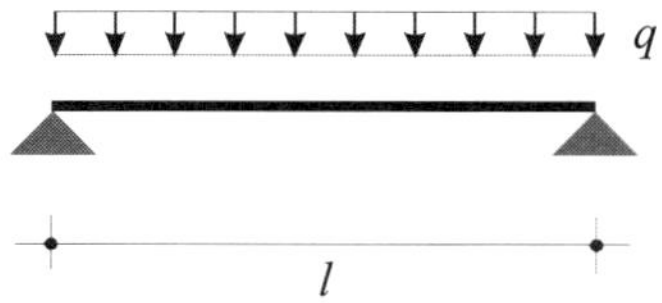

$$\max M_F = \frac{q \cdot l^2}{8}$$

(b)

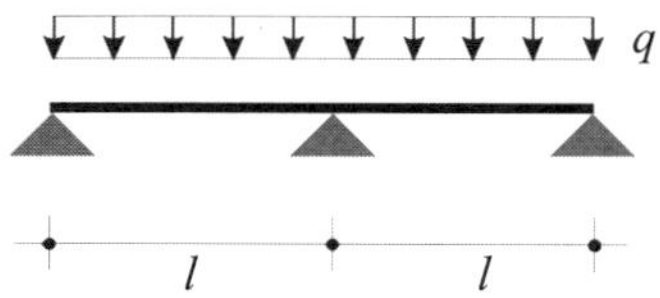

$$\max M_S = \frac{-q \cdot l^2}{8}$$

$$\max M_F = \frac{q \cdot l^2}{14{,}2}$$

(c)

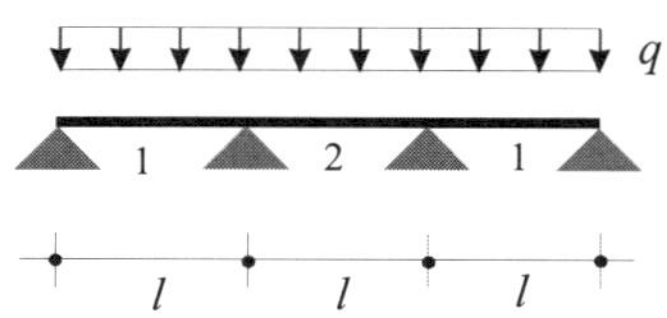

$$\max M_S = \frac{-q \cdot l^2}{10}$$

$$M_{F1} = \frac{q \cdot l^2}{12{,}5} \quad ; \quad M_{F2} = \frac{q \cdot l^2}{40}$$

(d)

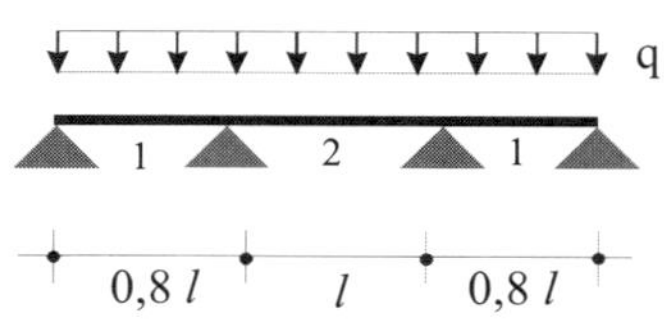

$$\max M_S = \frac{-q \cdot l^2}{12{,}5}$$

$$M_{F1} = \frac{q \cdot l^2}{23} \quad ; \quad M_{F2} = \frac{q \cdot l^2}{23}$$

Abb. 3.3 Beispiele der Momentenverteilung

3.2.4 Abschätzung der Momente

Zur Abschätzung der Momente eines Durchlaufträgers genügt der Vergleich mit einem gelenkig gelagerten und / oder eingespannten Einfeldträger. Für diese Träger sind die Momentenverläufe in Tabellen zusammengefasst und können durch geeignete Kombination für die Abschätzung des Durchlaufträgers benutzt werden. Dabei sollte für das Stützweitenverhältnis beachtet werden: $\min l \geq 0{,}7 \cdot \max l$!

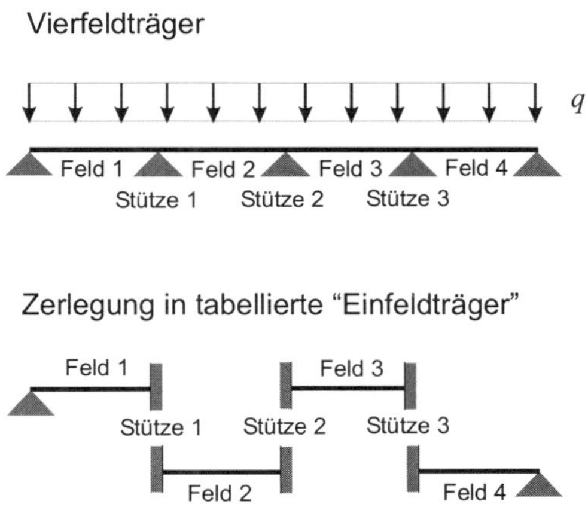

Abb. 3.4 Zerlegung für die Momentenabschätzung am Beispiel eines Vierfeldträgers

Für die Momente kann man abschätzend schreiben :

$$M_{S1} \approx 0{,}5 \cdot [M_{S(Feld\,1)} + M_{S(Feld\,2,\,links)}]$$

$$M_{S2} \approx 0{,}5 \cdot [M_{S(Feld\,3,\,links)} + M_{S(Feld\,2,\,rechts)}]$$

$$M_{S2} \approx 0{,}5 \cdot [M_{S(Feld\,4)} + M_{S(Feld\,3,\,rechts)}]$$

$$M_{F1} \approx M_{Feld\,1} - M_{S1}$$

$$M_{F2} \approx M_{Feld\,2} - 0{,}5 \cdot (M_{S1} + M_{S2})$$

$$M_{F3} \approx M_{Feld.3} - 0{,}5 \cdot (M_{S2} + M_{S3})$$

$$M_{F4} \approx M_{Feld.4} - M_{S3}$$

3.3 Gelenkträger

Auch mit Gelenkträgern will man eine ausgeglichene Momentenverteilung im Träger erreichen: $|M_F| \approx |M_S|$. Jedoch erfolgt die Steuerung hier über die Einführung von Gelenken.

Da der Träger möglichst statisch bestimmt sein soll, ist die Anzahl der einzufügenden Gelenke gleich der Anzahl der Zwischenauflager. Abb. 3.5 zeigt dazu ein Beispiel.

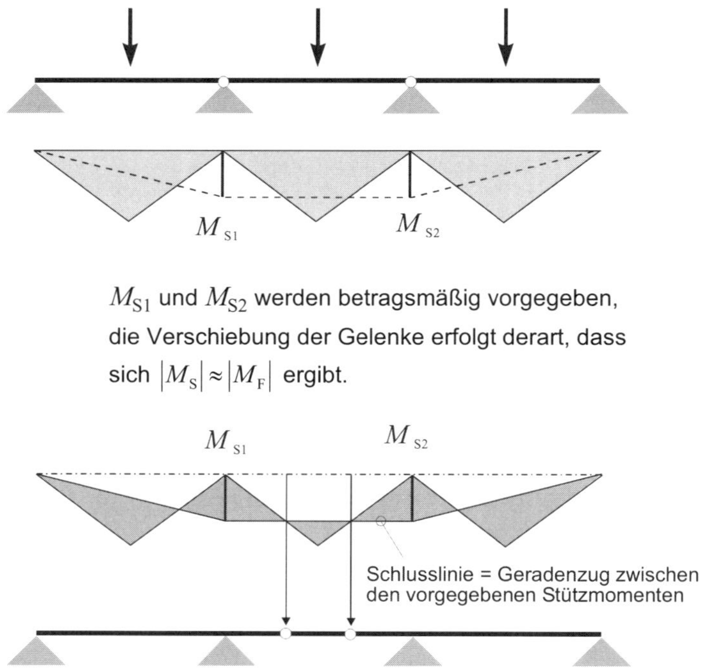

Abb. 3.5 Entwicklung des Gelenkträgers

Gelenkanordnung

Bei der Anordnung der Gelenke im Träger ist zwingend darauf zu achten, dass das Gesamtsystem beim Ausfall (d. h. Bruch) eines Teilsystems nicht versagt !

Sinnvoll ist es daher, so genannte **Einhängefelder** anzuordnen. Abb. 3.6 verdeutlicht diesen Zusammenhang.

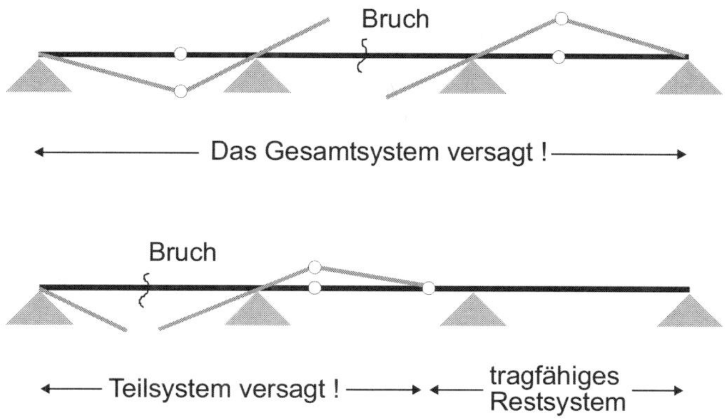

Abb. 3.6 Sinnvolle Gelenkanordnung

4 Rahmen

Stockwerkrahmen

„Aufstockung Laborgebäude Döhler“, Darmstadt

4.1 Definition und Formen

4.1.1 Definition

Rahmen bestehen aus einer Kombination von mindestens zwei oder mehr linienförmigen Tragwerksteilen (vgl. Abb. 4.3), die in ihrer Ebene eine Fläche aufspannen und biegesteif miteinander verbunden sind.

Das Tragsystem des Rahmens setzt sich vorwiegend aus biegebeanspruchten, das heißt aus massenaktiven Tragwerksteilen, zusammen. Seine inneren Beanspruchungen sind Biegemomente, Querkräfte und Normalkräfte.

4.1.2 Rahmenformen

Grundsätzlich werden folgende Grundrahmen unterschieden (Abb. 4.1): Dreigelenkrahmen; Zweigelenkrahmen und eingespannter Rahmen.

Während Dreigelenkrahmen statisch bestimmt sind und mit einfachen Gleichgewichtsbedingungen berechnet werden können, sind Zweigelenkrahmen und eingespannte Rahmen statisch unbestimmte Systeme.

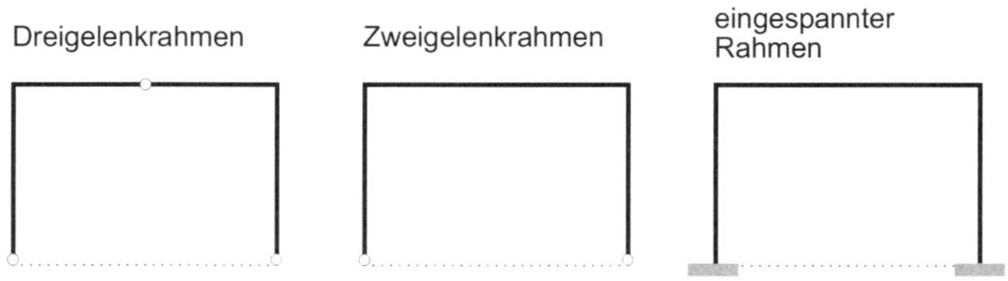

Abb. 4.1 Grundformen eines Rahmens

Die "einfeldrigen" Grundformen können geometrisch unterschiedlich ausgebildet und auch zu so genannten Mehrfeldrahmen aneinander gereiht werden (Abb. 4.2).

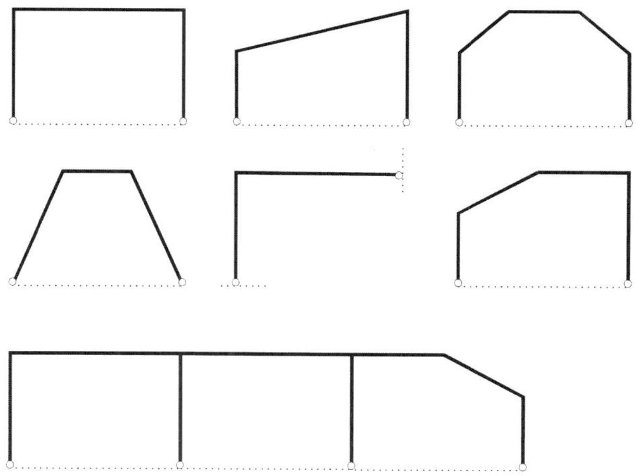

Abb. 4.2 Beispiele für Rahmenformen

4.2 Aufbau und Funktion im Vergleich zum Balken

Während Balken **tragende Funktionen** erfüllen, besteht die Funktion von Rahmen sowohl im **Tragen** als auch im **Stützen** (Abb. 4.3).

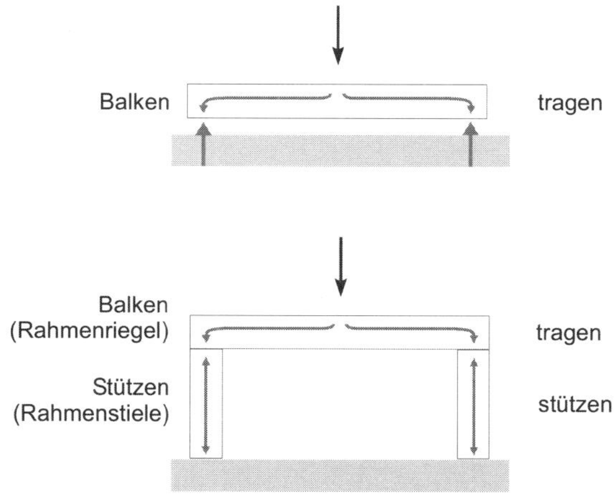

Abb. 4.3 Aufbau eines Rahmens und Funktion der Tragwerksteile

Rahmen bestehen aus Balken, den (Rahmen-) **Riegeln** und (Rahmen-) **Stielen**. Der Punkt, in dem Riegel und Stiel miteinander verbunden sind, wird als Rahmenknoten oder **Rahmenecke** bezeichnet.

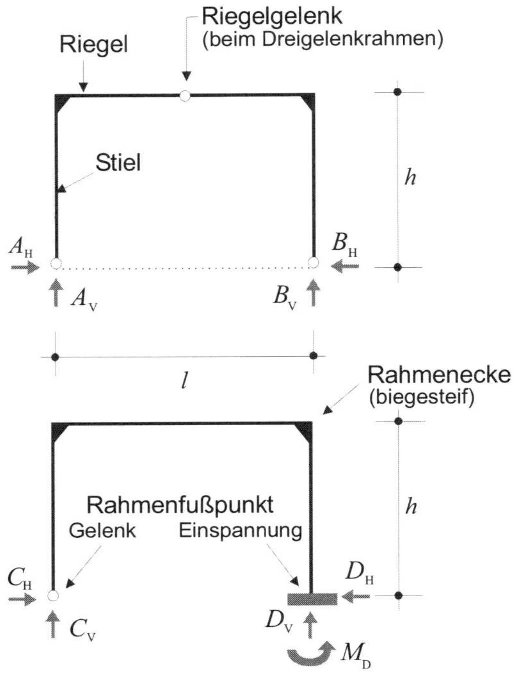

Abb. 4.4 Bezeichnungen und Auflagerreaktionen

Aufgrund seiner Konstruktion, der Fügung von Riegel und Stiel sowie der von Stiel und Fundament, stellt der Rahmen ein in seiner Ebene ausgesteiftes System dar. Das bedeutet, die Rahmenfußpunkte sind in der Lage, sowohl Vertikal- als auch Horizontalkräfte (beim eingespannten Rahmen auch Momente) aufzunehmen. Daraus wird eine weitere Funktion des Rahmens deutlich: das **Aussteifen.**

Ein Rahmen steift sich selbst aus, kann aber auch zur Aussteifung von Gebäuden eingesetzt werden und übernimmt so die Funktion einer aussteifenden Scheibe (hierzu siehe Kapitel 11).

4.3 Rahmenmechanismus

4.3.1 Herleitung

Zur Herleitung und Beschreibung des Tragverhaltens dient Abb. 4.5.

Ein vertikal belasteter Einfeldträger ist an seinen Auflagerpunkten nicht gegen Verdrehungen behindert. Es tritt keine horizontale Auflagerkraft auf (vgl.Abb. 4.5(a)).

Ergänzt man diesen Einfeldträger beidseitig durch Kragarme mit Einzellasten an den Kragarmenden, so wird die Verdrehung über den Auflagerpunkten sowie die Durchbiegung in Feldmitte reduziert. Der Momentenverlauf ist qualitativ ausgeglichener. Es tritt weiterhin keine horizontale Auflagerkraft auf (vgl. Abb. 4.5(b)).

Fügt man an den Kragarmenden Auflager hinzu, so dass ein Dreifeldträger entsteht, ändern sich Durchbiegung, Verdrehung und Momentenverlauf qualitativ nicht, jedoch muss die abhebende Auflagerkraft (Zug) an den Endauflagern aufgenommen werden, d. h. das Auflager muss verankert werden. Es tritt weiterhin keine horizontale Auflagerkraft auf (vgl. Abb. 4.5(c)).

Klappt man die Endfelder des Dreifeldträgers nach unten, erhält man einen Rahmen. Auch das Momentenbild wird geklappt, qualitativ ändert es sich nicht. Neu am Rahmen sind die horizontalen Auflagerkräfte, welche die Fußpunkte der Stiele in ihrer Position halten und über Biegung in den Stielen das Gleichgewicht mit den senkrecht wirkenden Lasten herstellen (Eckmoment). Charakteristisch ist, dass in der Rahmenecke keine Verdrehungen auftreten, der Winkel zwischen Riegel und Stiel beträgt auch nach einer Verformung des Rahmens stets 90° (vgl. Abb. 4.5(d)).

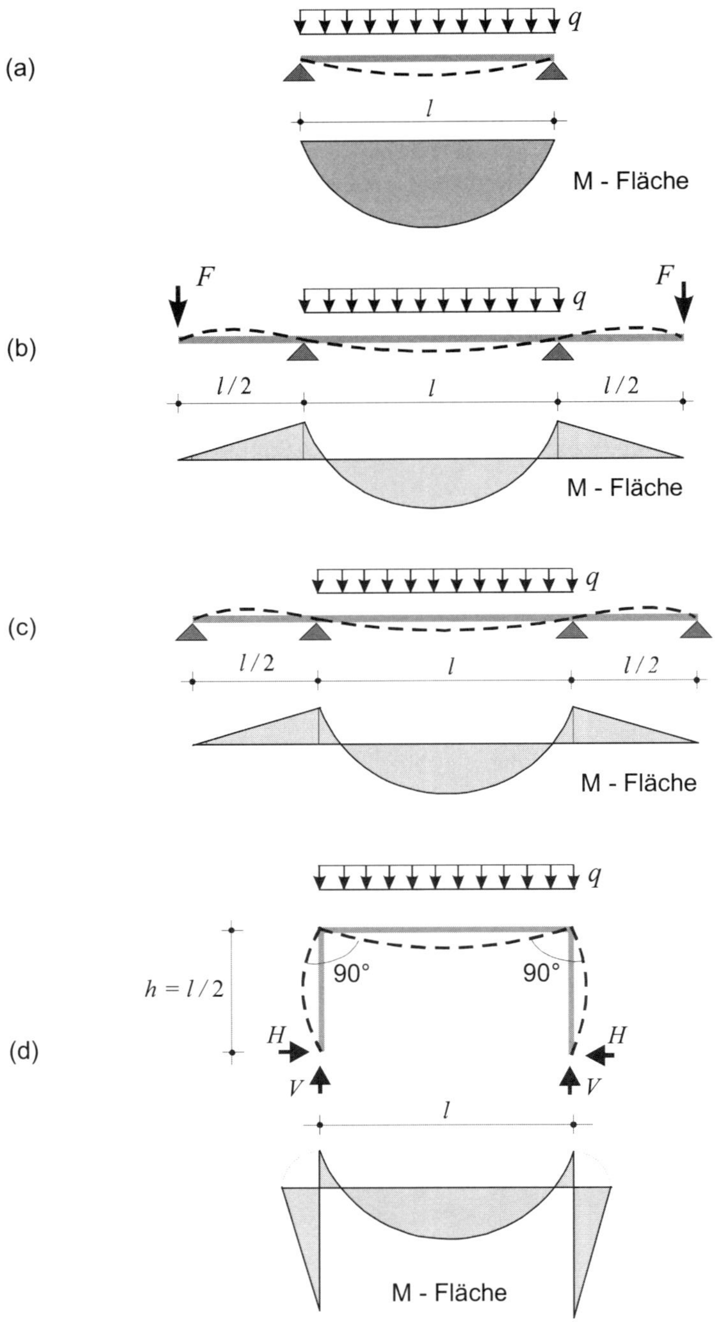

Abb. 4.5 Rahmenmechanismus

4.3.2 Horizontalschub

Der **Horizontalschub** H am Rahmenfußpunkt ist charakteristisch für die Rahmenwirkung. Während bei einem Träger eine vertikale Belastung auch nur vertikale Auflagerkräfte hervorruft, rufen vertikale Lasten bei einem Rahmen sowohl vertikale als auch horizontale Auflagerkräfte hervor.

Kann H nicht aufgenommen werden, verformt sich das System. Die Auflager verschieben sich um das Maß e (siehe Abb. 4.6), die Stützweite wird vergrößert und die Momente wachsen an. Die "Ecke" verdreht sich, der Winkel wird größer als 90°. Solange sie in der Lage ist, die auftretenden Momente aufzunehmen, wirkt das System wie ein geknickter Einfeldträger. Jede Laststeigerung führt jedoch zu weiteren Verformungen bis das System versagt : das System ist nicht stabil. Die horizontal wirkende Auflagerkraft "schiebt" die Auflagerpunkte zurück und "hält sie fest". Die Rahmenwirkung tritt ein : das System ist stabil.

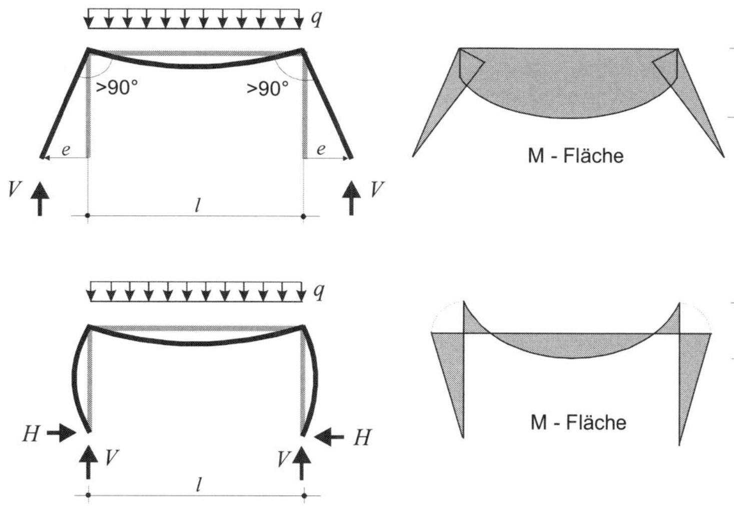

$$M = \frac{q \cdot l^2}{8} + \frac{q \cdot l \cdot e}{2}$$

$$M = \frac{q \cdot l^2}{8}$$

Abb. 4.6 Erläuterung zum Horizontalschub

4.3.3 Aufnahme des Horizontalschubs

Wie gezeigt wurde, ist für die Wirksamkeit des Systems „Rahmen“ die Aufnahme des Horizontalschubs am Auflager entscheidend.

Möglichkeiten hierfür sind:

- Auflager, die die Last direkt in den Baugrund ableiten, z. B. bei Fels.
- Auflager, die die Last über Reibung in den Baugrund abgeben, Fundamente mit großen Reibflächen.
- Zugbänder zwischen den Auflagern, die die Horizontalkräfte "kurzschließen".

4.4 Dreigelenkrahmen

Dreigelenkrahmen sind statisch bestimmte Tragwerke, sie können mit einfachen Gleichgewichtsbedingungen berechnet werden. Vier Auflagerreaktionen stehen drei Gleichgewichtsbedingungen am Gesamtsystem und einer Gleichgewichtsbedingung am Teilsystem (Schnitt um den Gelenkpunkt) gegenüber, so dass man vier Gleichungen für vier Unbekannte erhält.

Die Lage des Riegelgelenks beeinflusst das Verhältnis von Stütz- zu Feldmoment. Daraus ergeben sich sinnvolle Formen für den Querschnitt (Abb. 4.7).

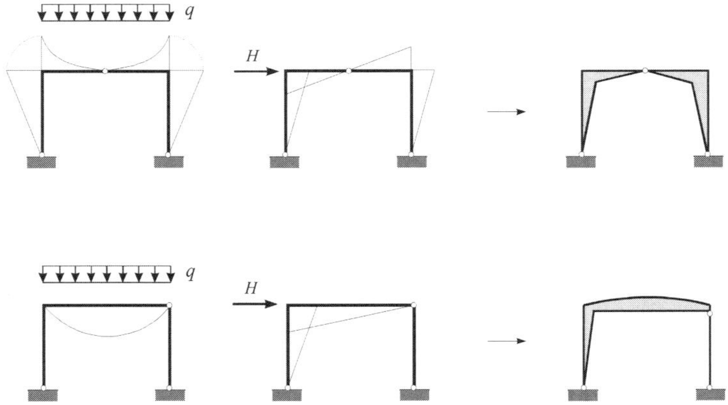

Abb. 4.7 Statisch sinnvolle Formen bei verschiedener Belastung und Gelenklage

4.5 Zweigelenkrahmen

Zweigelenkrahmen (und eingespannte Rahmen) sind statisch unbestimmte Tragwerke, sie können nur mit Gleichgewichtsbedingungen nicht berechnet werden. Bei diesen Systemen kann über die Steifigkeitsverteilung, das heißt über die Steifigkeit der Querschnitte, das Tragverhalten des Systems wesentlich beeinflusst werden. Je größer die Differenz zwischen Riegelsteifigkeit I_R und Stielsteifigkeit I_S ist, desto geringer ist die Rahmenwirkung. Die Momente werden dabei vom "weicheren" auf das "steifere" Tragwerkselement umgelagert.

Man kann folgende Fälle unterscheiden:

Fall 1: Die Stiele sind „unendlich" steif $I_S >> I_R$ (Abb. 4.8), was bewirkt, dass der Riegel in die Stützen „eingespannt" ist.
Das Feldmoment wird, bedingt durch die Einspannung, kleiner, das Eckmoment (bzw. Stielmoment) größer.

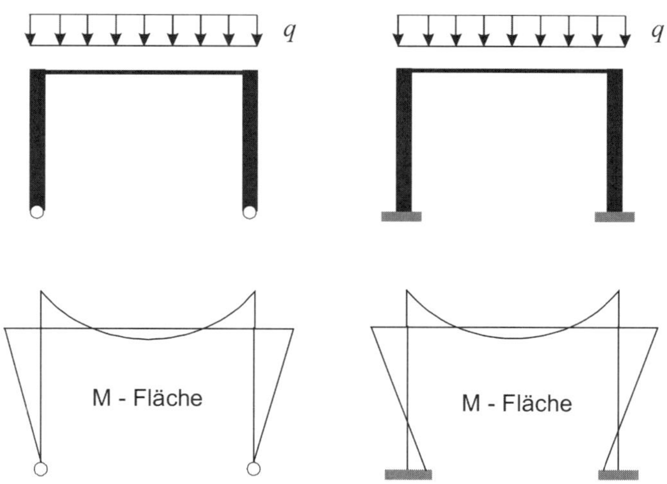

Abb. 4.8 Qualitativer Momentenverlauf bei Steifigkeitsverhältnis $I_S >> I_R$

Fall 2: Der Riegel ist „unendlich“ steif I_S << I_R (Abb. 4.9) und die Stiele sind weich, dadurch wirkt der Riegel wie ein auf den Stielen aufliegender Einfeldträger.
Das Feldmoment wird größer, das Eckmoment (bzw. Stielmoment) wird kleiner bzw. zu null.

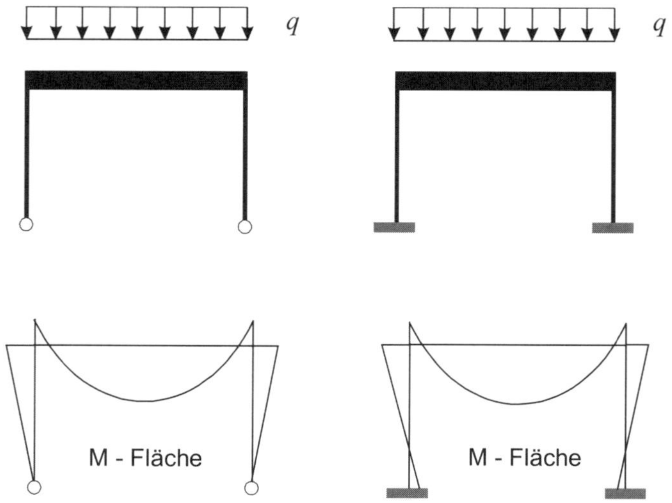

Abb. 4.9 Qualitativer Momentenverlauf bei Steifigkeitsverhältnis I_S << I_R

4.6 Rahmenecke

4.6.1 Kraftfluss

Den Kraftfluss in der Rahmenecke kann man sich anhand eines Fachwerkmodells (Abb. 4.10) verdeutlichen.

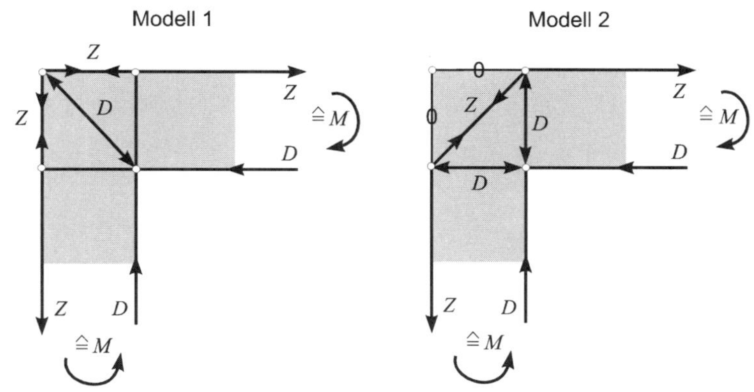

Abb. 4.10 Fachwerkmodell der Rahmenecke

4.6.2 Aufgelöste Rahmenecke

Entsprechend den Momentenverläufen und den Fachwerkmodellen können Rahmenecken konstruktiv "aufgelöst" werden.

Den "Fachwerkstäben" können dabei entsprechend ihren Belastungen Stäbe, wenn es sich um Druckkräfte handelt, und Seile, wenn es sich um Zugkräfte handelt, zugeordnet werden (Abb. 4.11).

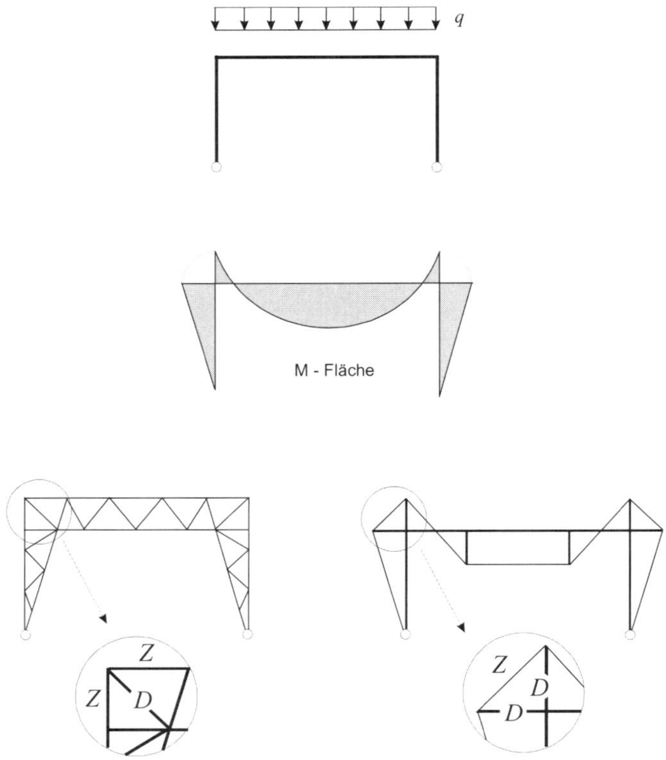

Abb. 4.11 "Auflösung" des Rahmenknotens

4.7 Stabilität und Knicklängen

Bei allen frei stehenden Rahmen ist der Riegel verschieblich.
Die Knicklänge der Stiele hängt ab von der Rahmenform (einfeldrig, mehrfeldrig, Auflageranzahl), von der Systemlänge der Stiele, von der Auflagerform, von Riegel- und Stielsteifigkeit sowie von der Belastung.

Ist der Riegel durch eine Scheibe oder durch andere Tragwerksteile stabilisiert, d.h. unverschieblich gehalten, so ist die Knicklänge gleich der Stiellänge.

Bei unterschiedlichen Steifigkeiten von Riegel und Stiel kann man die Knicklänge, wie in Abb. 4.12 dargestellt, abschätzen. Die Knicklänge ist dabei der Abstand der Wendepunkte der Knickfigur.

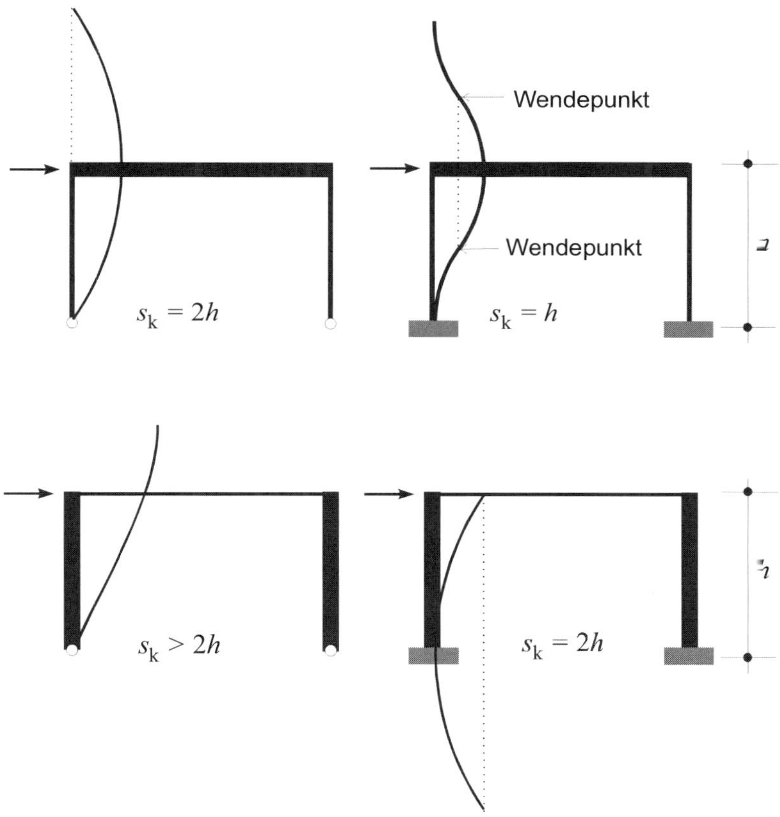

Abb. 4.12 Abschätzung der Knicklänge bei unterschiedlichen Steifigkeiten von Riegel und Stiel

5 Bogentragwerke

Überholungshalle 7 „Jumbohalle“, Luftwerft Hamburg-Fuhlsbüttel

5.1 Vom Rahmen zum Bogen

Das Tragsystem des Rahmens wirkt über Biegung, Querkraft und Normalkraft, das heißt vorwiegend über massenaktive Tragwerksteile und geringe formaktive Teile.

Zur Erzielung eines effektiven Tragwerks ist der massenaktive Anteil (Biegung, Querkraft) zugunsten des formaktiven Anteiles (Normalkraft) zu verringern. Abb. 5.1 zeigt, wie dies erreicht werden kann.

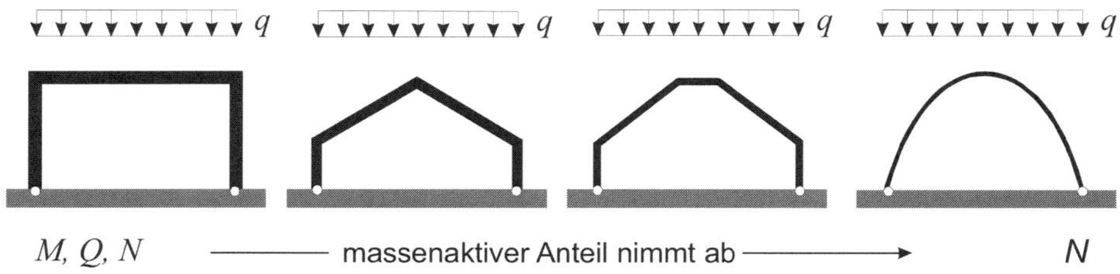

Abb. 5.1 Reduzierung des massenaktiven Anteils beim Übergang vom Rahmen zum Bogen

5.2 Kennzeichen formaktiver Tragsysteme

- Äußere Belastungen werden durch Normalkräfte (Druck bzw. Zug) weitergeleitet, diese Tragwerke werden nur durch Normalkräfte beansprucht.
- Die Normalkräfte können Druckkräfte sein wie bei einem Bogen oder Zugkräfte wie bei einem Seil.
- Zu jeder Belastung gibt es **nur eine Tragwerksform**, die in der Lage ist, diese Lasten **ausschließlich über Normalkräfte** zu den Auflagern abzutragen, **die so genannte Stützlinie**. Ist ein Tragwerk für eine bestimmte Belastung wie die Stützlinie geformt, so treten nur Normalkräfte auf, jede andere Belastung verursacht an diesem Tragwerk Biegemomente.

5.3 Bogenformen

Unterschieden werden der Dreigelenkbogen, der Zweigelenkbogen und der eingespannte Bogen.

Während der Dreigelenkbogen statisch bestimmt ist und allein mit Gleichgewichtsbedingungen berechnet werden kann (vgl. Abschnitt 4.4 „Dreigelenkrahmen“), handelt es sich beim Zweigelenkbogen und beim eingespannten Bogen um statisch unbestimmte Systeme. Hier benötigt man zur Berechnung neben den Gleichgewichtsbedingungen zusätzliche Gleichungen aus Verformungsbedingungen (vgl. Abschnitt 4.5 „Zweigelenkrahmen“).

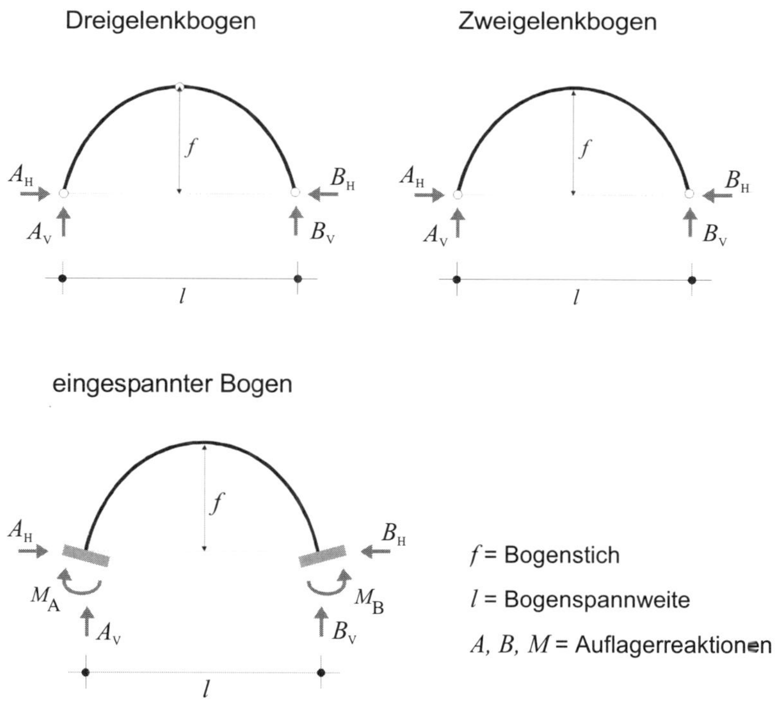

Abb. 5.2 Bogenformen und Bezeichnungen

5.4 Entwurfskriterien

Die nachfolgend genannten Kriterien sollten beim Entwurf eines Bogens eingehalten werden:

- Die Tragwerksform sollte der Stützlinie für den maßgebenden Lastfall entsprechen und die Querschnittsform der Momentenlinie infolge abweichender Belastung angepasst sein.
- Jede Veränderung der Lastverteilung bzw. der Auflagerbedingungen verändert die Stützlinie und erfordert eine neue Tragwerksform. Die endgültige Tragwerksform stellt daher einen Kompromiss dar.
  Eine Abweichung von der Stützlinie erzeugt zusätzlich zu den Normalkräften auch Querkräfte und Biegemomente.
- Durch eine Biegesteifigkeit wird die Tragfähigkeit des Bogens für jede Belastung gewährleistet !

5.5 Tragmechanismus

5.5.1 Vergleich: Tragmechanismus Balken – Bogen

Aus Abb. 5.3 wird deutlich, dass die horizontale Komponente der Auflagerkraft, der so genannte **Bogenschub,** die Momentenbeanspruchung verringert.
Dieser horizontal wirkende Schub (Horizontalschub) ist das Charakteristische des Bogentragwerks (vgl. auch Abschnitt 4.3.2 „Horizontalschub" beim Rahmen).

5.5.2 Einfluss des Bogenstichs auf die Auflagerkräfte

Abb. 5.4 zeigt, dass sich der Horizontalschub A_{H} des Bogens mit abnehmendem Bogenstich f deutlich vergrößert. Dabei ist zu beachten, dass die Bogenspannweite nicht verändert wurde und damit die Auflagerkomponente A_{V} aller drei betrachteter Systeme gleich ist.

Zur Minderung des Horizontalschubs sollte der Bogenstich so groß wie möglich gewählt werden.

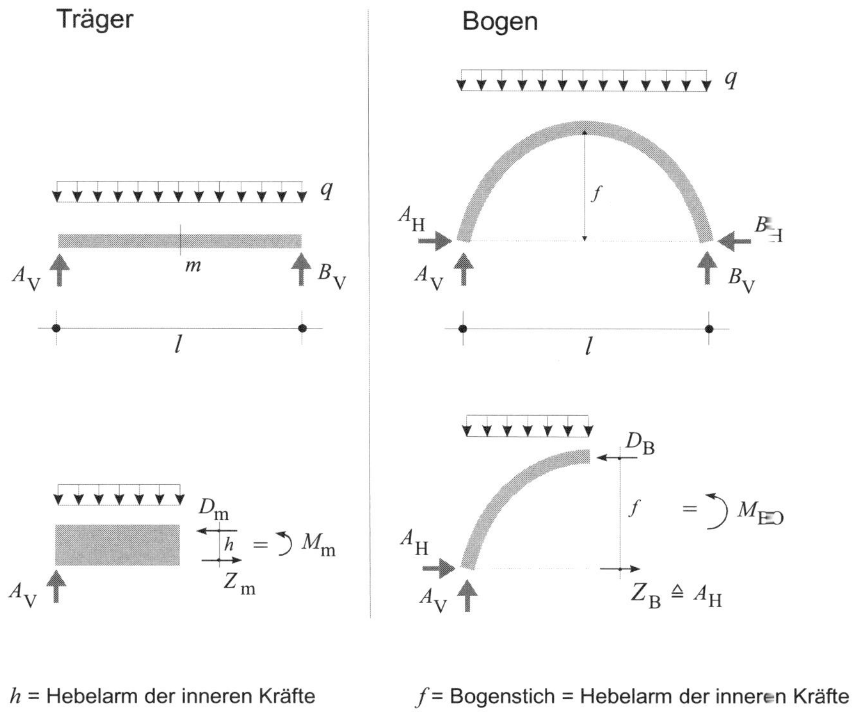

Abb. 5.3 Tragmechanismus des Bogens

5.5.3 Aufnahme des Bogenschubs

Entscheidend für die Wirksamkeit des Tragsystems Bogen ist die Aufnahme des Bogenschubs am Auflager (vgl. auch Abb. 4.6).

Möglichkeiten hierfür sind:

- Auflager, die die Last direkt in den Baugrund abgeben, z. B. bei Fels,
- Auflager, die die Last über Reibung in den Baugrund abgeben, z. B. Fundamente mit großen Reibflächen,
- Zugbänder, die die horizontalen Auflagerkräfte "kurzschließen",
- Mehrfeldbögen, die sich gegenseitig abstützen, hier muss jedoch die Aufnahme des Bogenschubs des Endfeldes gewährleistet werden.

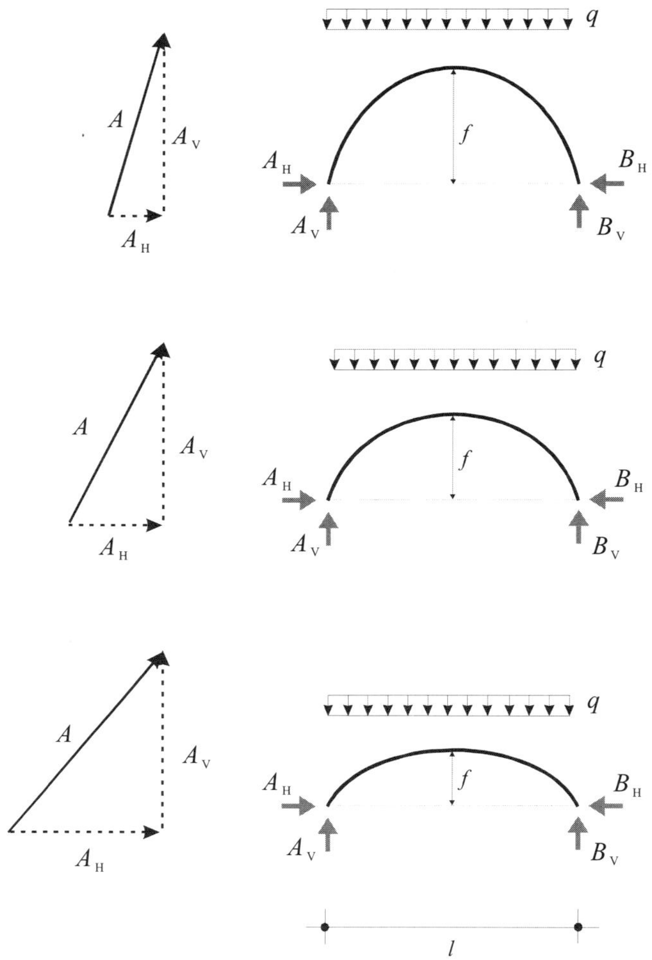

Abb. 5.4 Variation des Bogenstichs – Einfluss auf die Auflagerkräfte

5.6 Vergleich: Dreigelenk-, Zweigelenk- und eingespannter Bogen

In Abb. 5.5 sind die qualitativen Momentenlinien für häufige Zusatzlasten eines Bogens wiedergegeben und die daraus resultierenden sinnvollen Bogenformen. Als Ausgangspunkt dient ein Bogen, der für den Lastfall "ständige Gleichstreckenlast" nach der Stützlinie geformt ist und mit seiner Form auf diese Zusatzlasten reagieren muss.

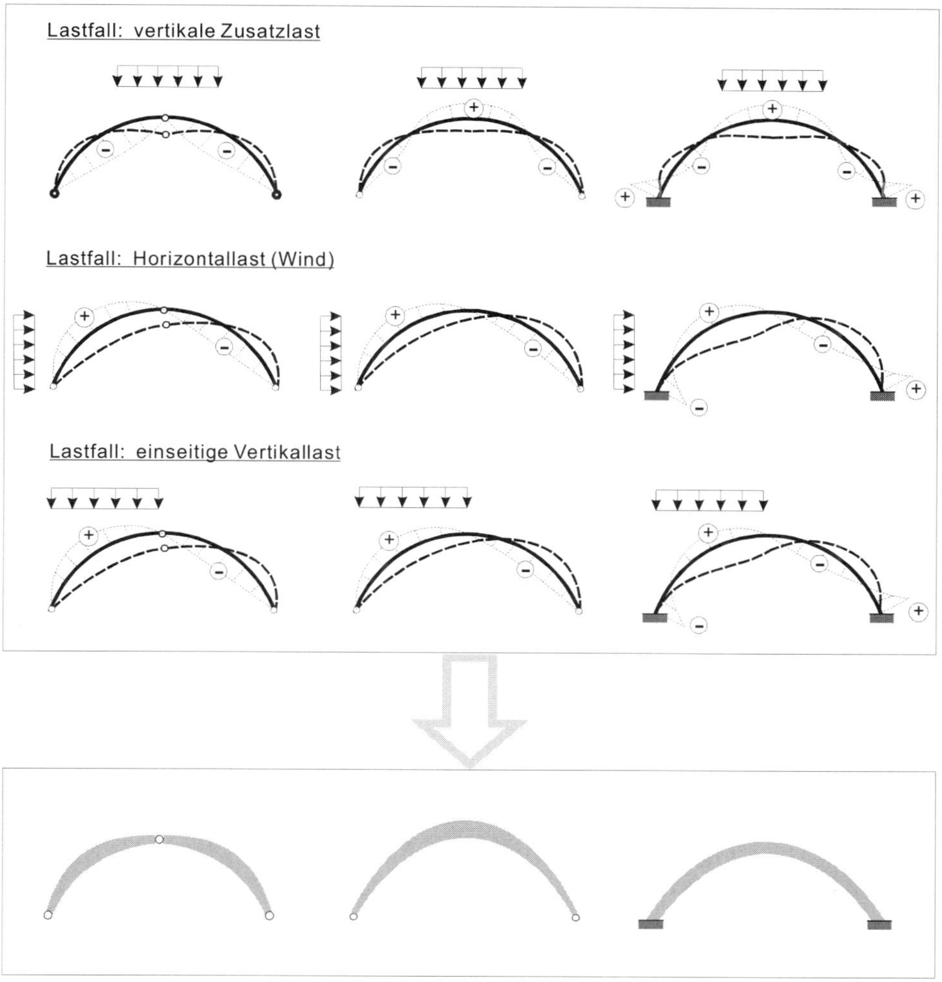

Abb. 5.5 Zusatzlasten – Momentenlinien und sich daraus ergebende sinnvolle Bogenformen

5.7 Stabilität

Wie alle druckbeanspruchten Bauteile ist auch der Bogen stabilitätsgefährdet. Er kann

- in seiner Ebene knicken
- aus seiner Ebene ausweichen.

Das Knicken in der Bogenebene kann durch einseitige Zusatzlasten oder Herstellungsungenauigkeiten (Ausmitten) hervorgerufen werden.

Maßnahmen dagegen sind :

- Veränderung des Bogensystems und der Auflagerbedingungen um die Knicklänge zu verringern, denn ein Dreigelenkbogen hat eine größere Knicklänge als ein Zweigelenkbogen, dieser wiederum eine größere Knicklänge als ein eingespannter Bogen.
- Veränderung der Querschnittswerte, z.B. Erhöhung des Trägheitsradius $i = \sqrt{I / A}$. Dies führt bei gleichbleibender Knicklänge zu geringerer Trägerschlankheit. Es kann z.B. erreicht werden durch eine Auflösung des Querschnitts bei gleichbleibender Fläche.
- Aussteifung über Zusatzbauteile, z.B. durch Verspannungen oder biegesteife Überbauten.

Das Ausweichen des Bogens aus seiner Ebene heraus (Umkippen) kann durch z. B. Herstellungsungenauigkeiten hervorgerufen werden (Schiefstellung führt zu Lotabweichungen, die Abtriebskräfte hervorrufen).

Maßnahmen dagegen sind :

- Veränderung der Auflagerbedingungen, d. h. Auflagergelenke durch Einspannungen ersetzen,
- benachbarte Bögen durch Verbände miteinander koppeln oder
- benachbarte Bögen schrägstellen und gegeneinander abstützen.

6 Trägerroste

Trägerrost als Verbundkonstruktion

„Turmproduktion“ Deutsche-Amphibolin-Werke, Ober-Ramstadt

6.1 Definition

Trägerroste sind ebene Tragsysteme aus Trägerscharen, die sich in der Regel rechtwinklig kreuzen und die in diesen Kreuzungspunkten **biegesteif** miteinander verbunden sind.

Es sind hochgradig statisch unbestimmte Tragwerke mit Lastabtragung in zwei Richtungen.

Die Lastabtragung eines Trägerrostes geschieht hauptsächlich über Biegung. Bei Ausführung der Träger als Fachwerkträger, einem sog. Fachwerkträgerrost, wird diese Biegung in Zug- und Druckkräfte aufgespalten.

6.2 Grundrissgestaltung und Auflagerung

Es sind sowohl rechtwinklige Roste als auch Diagonalroste über rechteckigem, rundem oder dreieckigem Grundriss möglich.

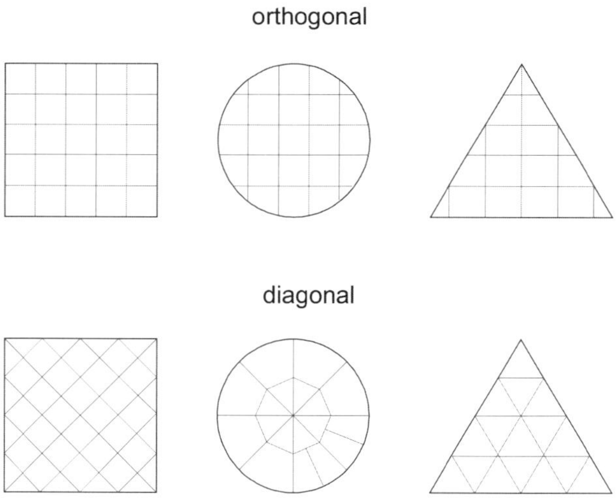

Abb. 6.1 Beispiele für rechtwinklige und diagonale Trägeranordnungen beim Trägerrost

Auflagerungsmöglichkeiten

Mögliche Auflagerungen sind in den Abbildungen 6.3 bis 6.6 dargestellt. Die Auflagerung erfolgt auf

- Pendelstützen, wobei mindestens ein festes Lager sowie Aussteifungselemente in Form von Auskreuzungen oder Wandscheiben notwendig sind (Abb. 6.3).
- Einzelstützen, die entweder im Fundament oder im Trägerrost eingespannt sind (Abb. 6.4 und 6.5). Sofern die Stützen im Trägerrost eingespannt sind, ist mindestens ein festes Auflager erforderlich. Die Aussteifung des Systems erfolgt über die eingespannten Stützen.
- Wandscheiben, die entweder im Fundament oder im Trägerrost eingespannt sind (Abb. 6.6). Die Aussteifung erfolgt über die Wandscheiben selbst

Stützenanordnung

Mögliche Stützenanordnungen sind ebenfalls in den Abbildungen 6.3 bis 6.6 dargestellt.

Stützen können unter den Eckknoten des Rostes oder unter einem Kreuzungspunkt innen oder am Rand angeordnet werden, d.h. es sind Trägerroste ohne oder mit Auskragung möglich.

Unterstützungswände können umlaufend oder auch in Form von Wandabschnitten angeordnet werden.

Sinnvoll ist bei symmetrischem Grundriss eine ebenfalls symmetrische Anordnung der Auflagerpunkte. Bei halbsymmetrischem Grundriss ist analog eine halbsymmetrische Auflageranordnung sinnvoll. Aber auch freie Auflageranordnungen sind möglich, diese bedingen jedoch einen erhöhten Rechen- und Konstruktionsaufwand.

6.3 Statisches System des Gesamttragwerkes

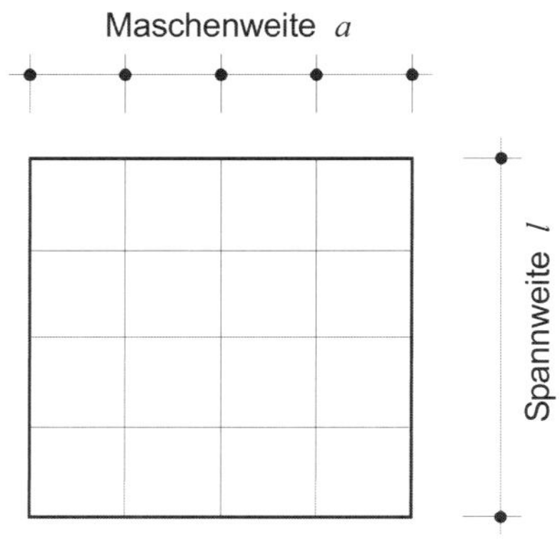

Abb. 6.2 Aufsicht auf rechtwinkligen Rost, Bezeichnungen

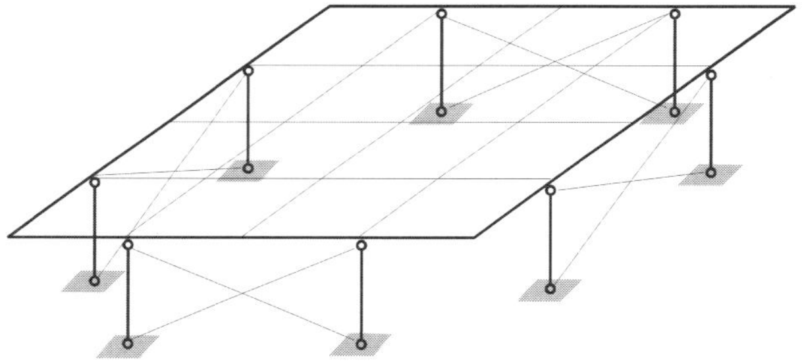

Abb. 6.3 Rost mit Pendelstützen und Aussteifungsverbänden

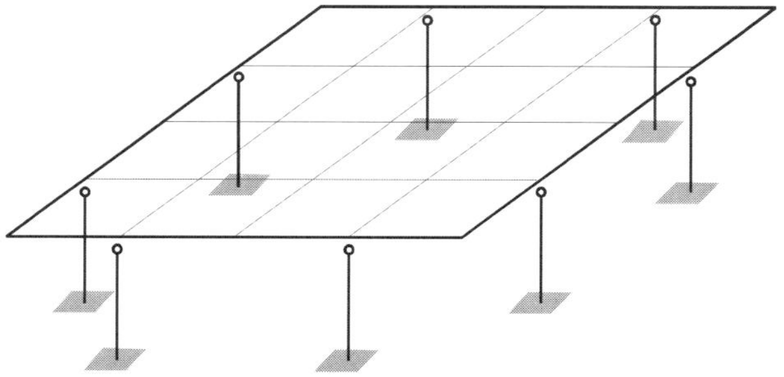

Abb. 6.4 Rost auf im Fundament eingespannten Stützen

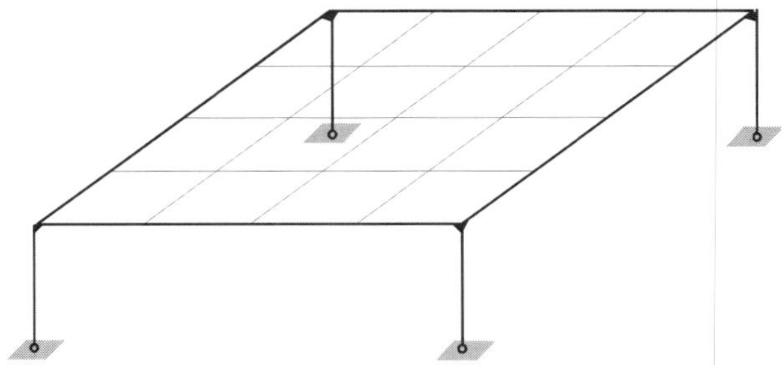

Abb. 6.5 Rost auf im Rost eingespannten Stützen

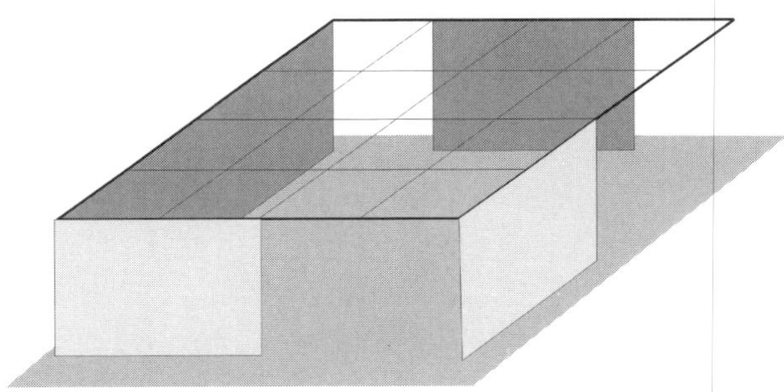

Abb. 6.6 Rost auf im Fundament eingespannten Wandabschnitten

6.4 Tragverhalten

Das Tragverhalten eines Trägerrostes lässt sich am einfachsten an zwei sich kreuzenden Einfeldträgern veranschaulichen.

Ein Einfeldträger mit dem Flächenmoment I biegt sich unter einer Einzellast F um das Maß f_1 durch (Abb. 6.7(1)). Die Last wird einachsig abgetragen.

Zwei lose aufeinander gelegte Einfeldträger mit den Einzelflächenmomenten I biegen sich unter der gleichen Last F nur noch um das Maß $f_2 = \frac{1}{2} f_1$ durch, denn die Steifigkeit des "Gesamtträgers" hat sich verdoppelt (Abb. 6.7(2)).

Das gleiche Tragverhalten wie der betrachtete "Doppelträger" haben zwei Träger,

- die in einer Ebene übereinander liegen und gegeneinander abgestützt sind (Abb. 6.7(2a)),
- die gegeneinander verschwenkt und abgestützt sind (Abb. 6.7(2b)), oder
- die gegeneinander verschwenkt sind und ineinander greifen (Abb. 6.7(2c)).

Die ineinander greifenden Träger bilden einen **Trägerrost**, der die Last F nicht mehr nur einachsig, sondern entlang beider Träger, also **zweiachsig** abträgt.

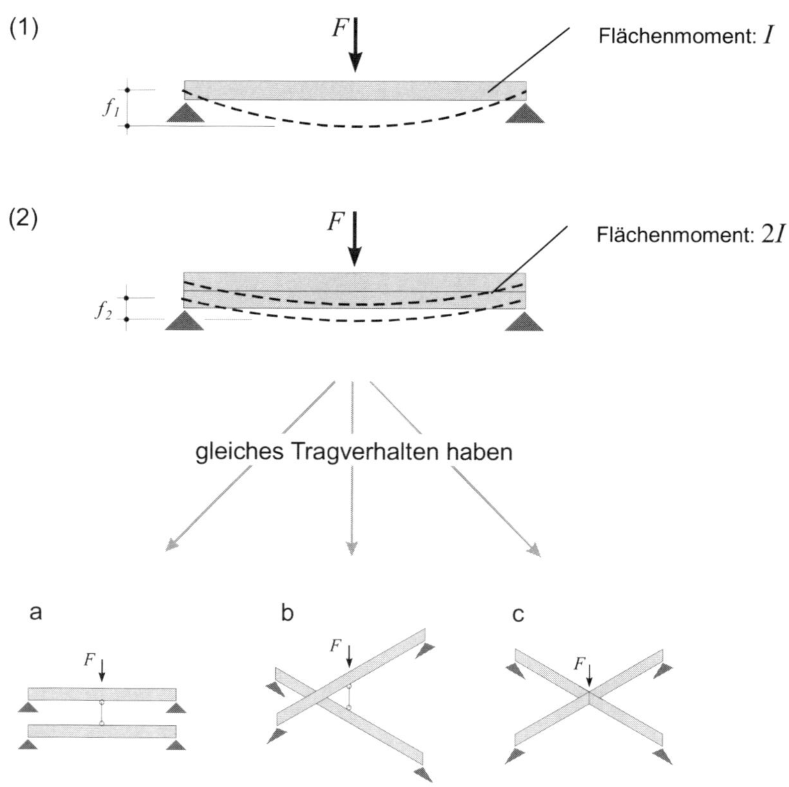

Abb. 6.7 Tragverhalten des Trägerrostes

Das Tragverhalten eines Trägerrostes wird beeinflusst von der Trägeranzahl, den Seitenverhältnissen, den Randträgern und den Trägerrichtungen.

Trägeranzahl

Eine Erhöhung der Trägeranzahl (Reduzierung der Maschenweite bei gleichen Grundrissabmessungen) bedeutet :

- Steigerung des Tragvermögens,
- Reduzierung der Durchbiegung.

Seitenverhältnisse

Die Seitenverhältnisse eines einachsig gespannten Trägersystems spielen bei der Lastabtragung keine Rolle.

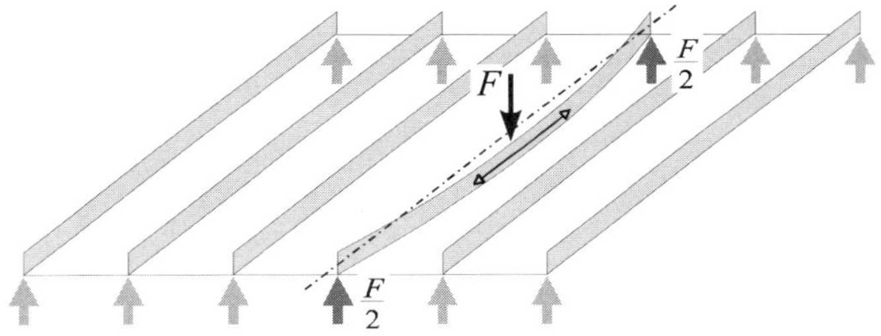

Abb. 6.8 Lastabtragung eines einachsig gespannten Trägersystems

Bei zweiachsiger Lastabtragung ist das Seitenverhältnis, d.h. beim Trägerrost die Länge der sich kreuzenden Träger, von großer Bedeutung, da das Tragwerk die Last auf dem kürzesten Weg in die Lager leiten will.

Eine optimale zweiachsige Lastabtragung erhält man bei einem Seitenverhältnis von 1:1. In diesem Fall werden die Auflager gleichmäßig belastet, die sich kreuzenden Träger liefern gleiche Steifigkeitsanteile (Abb. 6.9).

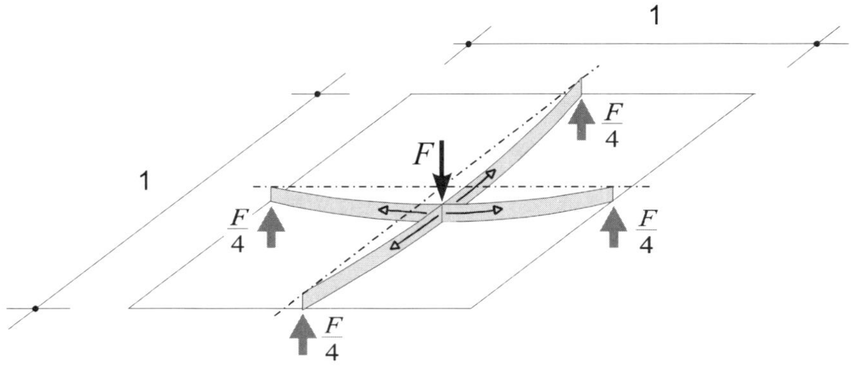

Abb. 6.9 Auflagerkräfte bei Seitenverhältnis 1:1

Bei einem Seitenverhältnis von 2:1 ist kaum noch eine zweiachsige Lastabtragung zu erkennen. In diesem Fall sind die Auflager im Verhältnis 1:8 belastet, entsprechend verhalten sich die Steifigkeitsanteile der sich kreuzenden Träger (Abb. 6.10).

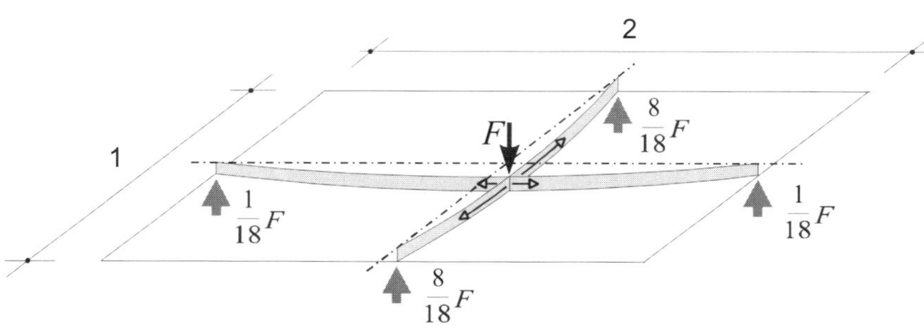

Abb. 6.10 Auflagerkräfte bei Seitenverhältnis 2:1

Sinnvolle Seitenverhältnisse für Trägerroste sind daher 1:1 bis 1:1,5 !

Randträger

Die Bedeutung der Randträger eines Trägerrostes liegt in deren Torsionssteifigkeit. Diese hat entscheidenden Einfluss auf das Durchbiegungsverhalten des gesamten Rostes.

Die Innenträger des Rostes sind in die Randträger eingespannt. Sind diese Randträger torsionssteif, so sind die durch sie auf die Innenträger übertragenen rückdrehenden Momente groß. Es wird eine gute Einspannwirkung erzielt. Haben sie geringe Torsionssteifigkeit, ist die Einspannwirkung gering, da kaum rückdrehende Momente erzeugt werden (siehe Abb. 6.11).

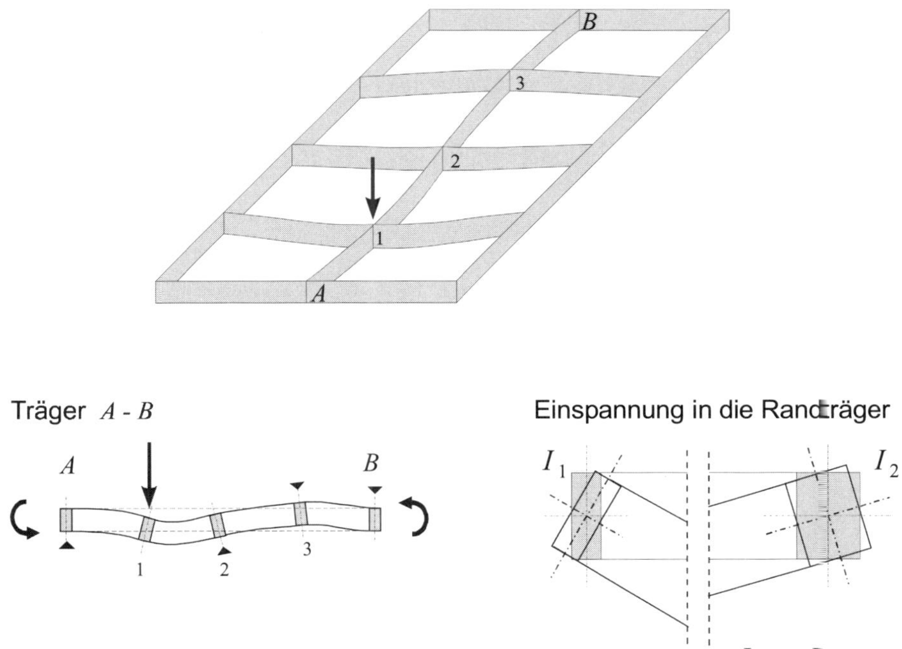

Abb. 6.11 Rückdrehende Momente und Einspannwirkung

Trägerrichtungen

Die Auswirkungen der Trägerrichtungen auf einen Rost werden anhand der Schnittkraftverläufe eines allseitig frei aufliegenden Rostes mit dem Seitenverhältnis 1:1 erläutert. Dabei werden ein orthogonales Raster und ein diagonales Raster direkt verglichen (siehe Abb. 6.12).

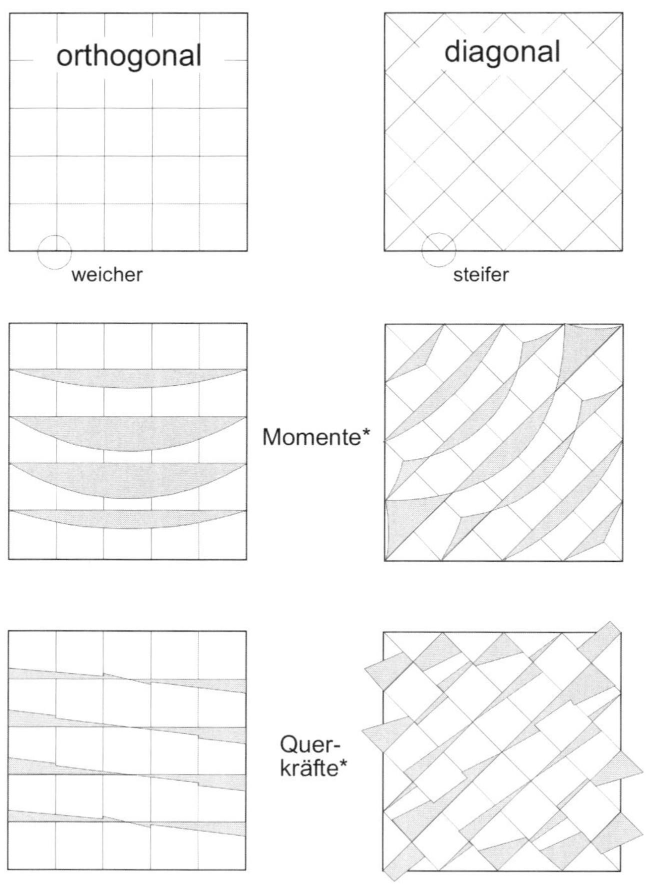

* Es sind nur die Schnittgrößenverläufe in einer Trägerrichtung dargestellt. Die Verläufe der jeweils anderen Richtung sind analog.

Abb. 6.12 Qualitative Schnittkraftverläufe bei orthogonalem und diagonalem Raster für allseitig freie Auflagerung und Seitenverhältnis 1:1

Der Vergleich liefert folgende Ergebnisse

orthogonales Raster	diagonales Raster
Momente haben gleiches Vorzeichen ⇨ größere Maximalwerte Analogie: Einfeldträger ⇨ Spannungsverteilung weniger günstig	Momente haben wechselndes Vorzeichen ⇨ kleinere Maximalwerte Analogie: Durchlaufträger ⇨ Spannungsverteilung günstig
Einspannung in die Randträger unter rechtem Winkel (3-Träger-Anschluss) ⇨ weicher gegen Durchbiegung	Einspannung in die Randträger unter spitzem Winkel (4-Träger-Anschluss) ⇨ steifer gegen Durchbiegung

6.5 Baustoffe

Bei der Materialwahl sind neben formalen Entwurfsaspekten auch Kriterien wie Fertigung und Konstruktion zu berücksichtigen[12].

Holz:	Vorfertigung im Werk; Kreuzungspunkte sind konstruktiv aufwendig, hier werden Stahlverbindungselemente notwendig.
Beton:	Vorfertigung nur bedingt möglich, hinzu kommt ein hoher Schalungsaufwand; Kreuzungspunkte sind konstruktiv nicht aufwendig, Bewehrung kann problemlos durchgeführt werden.
Stahl:	Vorfertigung im Werk; Kreuzungspunkte sind konstruktiv nicht aufwendig, Schweißverbindungen sind Standard.

[12] Entwurfsdimensionen für Trägerroste sind im Anhang A4 zusammengefasst.

7 Raumfachwerke

„Eingangspforte Rhöm“, Darmstadt

7.1 Formen räumlicher Tragwerke

Räumliche Tragwerke können nach ihrer inneren Beanspruchung oder ihrer Geometrie unterschieden werden.

Von der inneren Beanspruchung her unterscheidet man

- Flächentragwerke mit Biegebeanspruchung, das sind z. B. Platten, Faltwerke, Biegeschalen und auch Trägerroste, und
- Flächentragwerke ohne Biegebeanspruchung, das sind dünne Schalen und Membranen.

Bei der Geometrie unterscheidet man

- ebene Systeme wie Platten und Scheiben,
- aus Einzelflächen gefaltete Systeme wie Faltwerke und
- einfach oder zweifach gekrümmte Systeme wie Schalen und Membranen.

7.2 Bauform der räumlichen Tragwerke

7.2.1 Definitionen

Netz : Netz heißt ein Gebilde aus Scharen von geordneten, insbesondere parallel laufenden Linien (Geraden). Entsprechend der Anzahl der Parallelscharen von Linien unterscheidet man **zweiläufige und dreiläufige Netze**, zweiläufig ist ein Netz mit zwei Parallelscharen, dreiläufig ist eines mit drei Parallelscharen. Unterschieden werden Netze weiterhin nach der Anordnung der Geraden im Raum in **ebene Netze** und **gewölbte Netze, Kuppel- und Raumnetze**. Bei ebenen Netzen sind die Geraden in einer Ebene angeordnet, bei gewölbten Netzen in einer einachsig gekrümmten Fläche, bei Kuppelnetzen in einer zweiachsig gekrümmten Fläche und bei Raumnetzen in verschiedenen, sich schneidenden Ebenen.

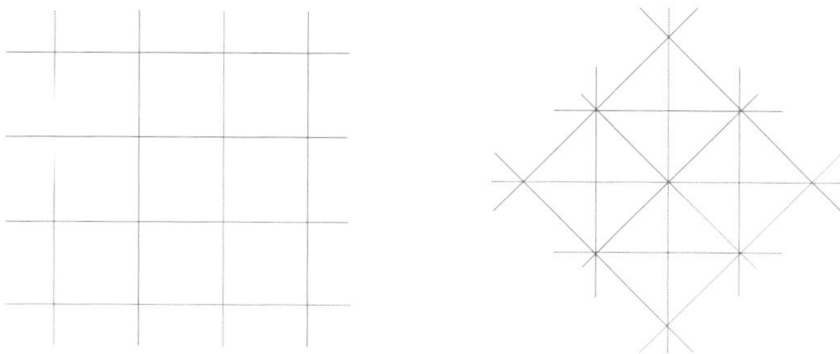

Abb. 7.1 Netz: zweiläufig, dreiläufig

Gitter : Gitter heißt die Anordnung von Knoten in der Form, dass entweder die Achsen oder die Verbindungslinien der Knoten ein Netz bilden. Man unterscheidet **einachsige, zweiachsige** und **dreiachsige Gitter.**

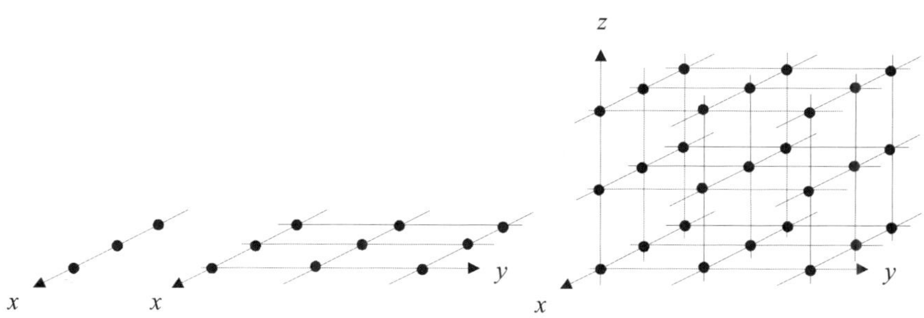

Abb. 7.2 Gitter: einachsig, zweiachsig, dreiachsig

7.2.2 Bauelemente der Raumfachwerke

Die Bauelemente der Raumfachwerke sind Knoten und Stäbe. Sie bilden ein Raumgitter. Dabei fallen die Achsen der Stäbe mit den Netzlinien und die Mittelpunkte der Knoten mit den Schnittpunkten der Netzlinien zusammen.

Folgende Hauptformen werden unterschieden

Einlagige Stab-Fachwerke	Alle Stäbe liegen in einer Fläche und alle äußeren Kräfte wirken in dieser Fläche.
Räumliche Stab-Fachwerke	**Raumfachwerke** Die Stäbe liegen in mehreren sich schneidenden Ebenen in der Art, dass jeder Stab zwei oder mehreren ebenen Fachwerken angehört. Die Belastung kann durch äußere Kräfte mit beliebiger Richtung erfolgen.

7.2.3 Raumbausteine

Die "Hauptbausteine" der Raumfachwerke sind

- das **Tetraeder**, bestehend aus vier Dreiecken,
- der **Kubus**, bestehend aus sechs Quadraten, und
- das **Oktaeder**, bestehend aus acht Dreiecken.

Diese Elemente sind **untereinander kombinierbar**.
Sie eignen sich besonders für regelmäßige ebene **Raumfachwerke.**

Darüber hinaus gibt es

- das **Dodekaeder**, bestehend aus zwölf Fünfecken, und
- das **Ikosaeder**, bestehend aus zwanzig Dreiecken.

Diese beiden Elemente können **nicht miteinander kombiniert** werden.
Sie eignen sich als Ausgangelemente für **Kuppeln**.

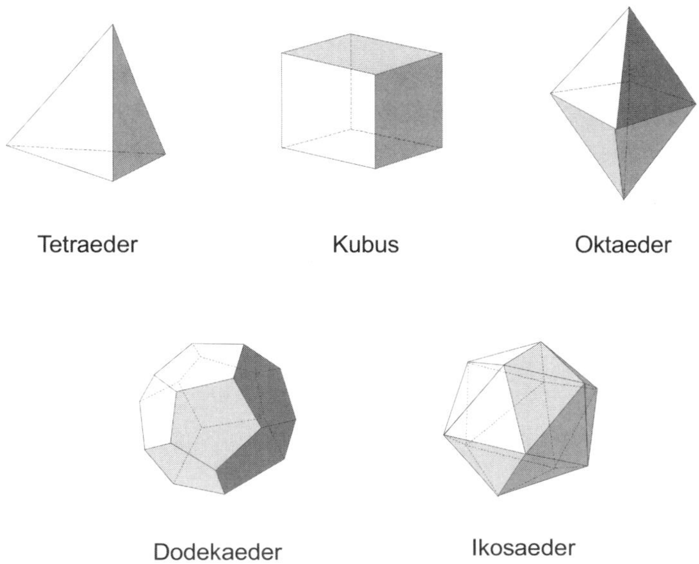

Abb. 7.3 Raumbausteine

7.2.4 Stabilität der Raumbausteine

Die in Abschnitt 2.2.4 erläuterte Stabilität eines Dreiecks kann direkt als Begründung der Stabilität der Raumbausteine angewandt werden. Raumbausteine, die aus Dreiecken bestehen sind von sich aus stabil. Raumbausteine, die nicht aus Dreiecken bestehen, müssen durch Zusatzmaßnahmen stabilisiert werden.

Von sich aus stabil sind das Tetraeder, das Oktaeder und das Ikosaeder.

Ein Kubus, der nur aus Vierecken besteht, ist nicht stabil. Er wird erst dann stabil, wenn in jede der sechs Seitenflächen eine Diagonale eingezogen wird, so dass jeweils zwei Dreiecke entstehen.
Ebenso ist das aus Fünfecken bestehende Dodekaeder nicht stabil, es wird stabil durch die Anordnung von je zwei Diagonalen in jedem Feld, so dass jeweils drei Dreiecke entstehen. Eine andere Möglichkeit besteht in der Aufteilung der Fünfecke in jeweils fünf Dreiecke.

7.3 Ebene Raumfachwerke

7.3.1 Aufbau der ebenen Raumfachwerke

Ausgangspunkt für den Aufbau ebener Raumfachwerke sind die unter 7.2.3 vorgestellten kombinierbaren Raumbausteine, die in sich stabil sein müssen. Durch Addition in zwei Richtungen lassen sich damit Tragwerke entwickeln, die bei einer sehr geringen Masse große Spannweiten überbrücken können.

Die häufigsten Aufbauformen sind für **Vierecknetze** Kuben sowie die Kombination von Halboktaeder und Tetraeder, für **Dreiecknetze** die Kombination von Oktaeder und Tetraeder.

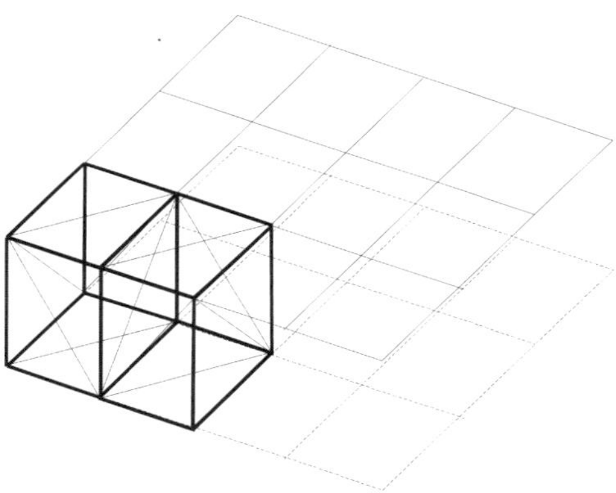

Abb. 7.4 Vierecknetz mit Kuben

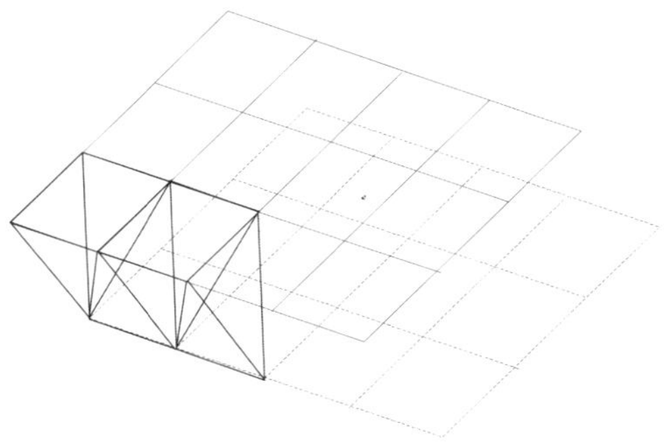

Abb. 7.5 Vierecknetz mit Halboktaeder und Tetraeder

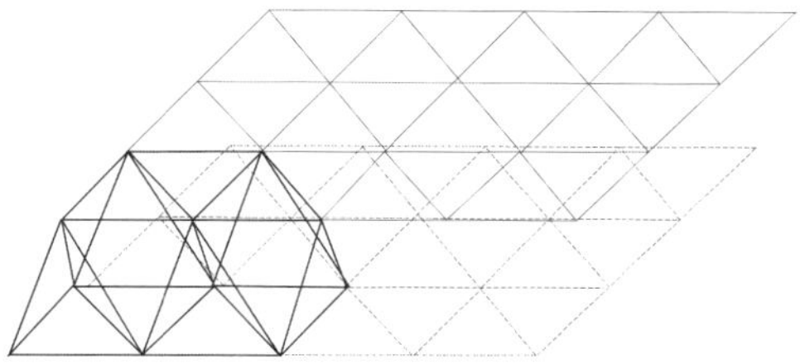

Abb. 7.6 Dreiecknetz mit Oktaeder und Tetraeder

7.3.2 Tragverhalten der ebenen Raumfachwerke

Das Tragverhalten dieser Raumfachwerke entspricht dem einer Platte bzw. dem des Trägerrostes. Im Vergleich zum Trägerrost werden die Tragelemente weiter aufgelöst. Die feingliedrige Auflösung führt zu einer kontinuierlichen Kraftübertragung bei relativ geringer Eigenlast. Dabei bestimmt nicht die Anzahl der verwendeten Stäbe die Tragfähigkeit, vielmehr ist die sinnvolle Anordnung der Stäbe dafür ausschlaggebend, dass angreifende äußere Lasten zu den Auflagerpunkten geleitet werden.

Raumfachwerke lassen sich herleiten aus Fachwerkträgern oder alternativ aus ebenen Platten. Diese stelle man sich aufgelöst in parallele Ober- und Untergurtnetze vor. Biegebeanspruchung benötigt zwei- oder mehrlagige Raumfachwerke mit verbindenden Diagonalen (keine senkrechten Pfosten), Schalen mit Membranbeanspruchung genügt das einlagige Stabwerk.

Raumfachwerke bestehen aus einer großen Zahl von einzelnen Stäben, linearen Elementen. Diese sind gelenkig gekoppelt, so dass nur an den Knoten Kräfte eingeleitet und übertragen werden können.

In den Stäben treten nur Normalkräfte (Zug oder Druck) auf, das Raumfachwerk ist daher im Gegensatz zur Platte und zum Trägerrost ein vektoraktives Tragwerk.

Das Tragverhalten wird bestimmt durch die mehrachsige Lastabtragung und die räumliche Vermaschung.

7.3.3 Stabilisierung und Auflagerung

Räumliche Fachwerkstrukturen bilden in sich steife Fachwerkscheiben. Diese bedürfen keiner zusätzlichen horizontalen Windverbände oder Stabilisierungsverbände.

Die optimale Lastabtragung setzt geeignete Seitenverhältnisse des Raumfachwerkes und eine entsprechende Lagerung voraus. Die Auflagerung kann auf wenige Stellen beschränkt werden. Es können hier die gleichen Überlegungen wie beim Trägerrost zugrunde gelegt werden.

7.3.4 Material und Fügung[13]

Als ideales Material für Raumfachwerke hat sich Stahl bewährt. Dabei werden sowohl Rundprofile als auch Quadrat-Rohr-Profile eingesetzt. Rohrprofile weisen bei geringerer Querschnittsfläche eine größere Knicksteifigkeit auf als I-Profile oder U-Profile. Daher eignen Sie sich besonders gut für Raumfachwerke. Die Knoten dieser Systeme werden geschweißt, in Kugeln geschraubt oder in geschlitzte Bleche gepresst.

Aber auch Raumfachwerke aus Holz sind üblich. Diese werden in der Regel aus Kanthölzern gefertigt, deren Knoten mittels eingelassener Stahlbleche oder verdübelter Gusseisenteile in Verbindung mit Metallkugeln hergestellt werden.

---

[13] Anhang A5 enthält Überschlagsformeln für den Entwurf von Raumfachwerken.

8 Faltwerke

Freitragende Podesttreppe

8.1 Definition

Mit Faltwerk wird ein Tragwerk bezeichnet, das aus zwei oder mehr dünnen, flächenhaften und gegeneinander geneigten Tragwerksteilen zusammengesetzt ist. Diese Tragwerksteile sind an ihren Kanten (den "Falten") schubfest miteinander verbunden.

Faltwerke stellen den Übergang von den ebenen und "flächig" lastabtragenden Bauteilen zu den gekrümmten und "räumlich" wirkenden Tragstrukturen dar.

8.2 Tragwirkung

Die äußere Tragwirkung eines Faltwerkes entspricht der eines Biegeträgers, dessen Querschnitt aufgrund der Faltung die äußeren Lasten vorrangig durch eine Kombination von **Platten- und Scheibentragwirkung** abträgt. Durch die in Bezug zum Kraftangriff schräg angeordneten Flächen ermöglicht die Faltung die räumliche Tragwirkung. Im Auflagerbereich werden die Lasten über Fachwerk- oder Rahmentragwirkung in die Unterkonstruktion abgegeben. Faltwerke sind geeignet, große Flächen stützenfrei zu überspannen.

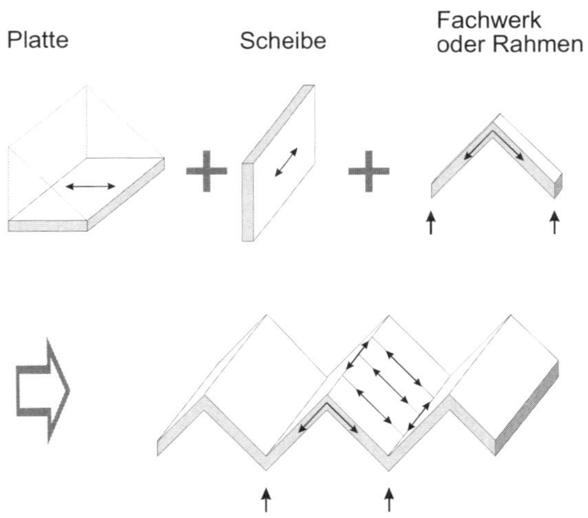

Abb. 8.1 Tragwirkung des Faltwerkes

8.2.1 Plattentragwirkung

Als Platten werden ebene Flächentragwerke bezeichnet, die ausschließlich senkrecht zu ihrer Mittelfläche belastet werden. Ihre Beanspruchung ist Biegung und Querkraft. Maßgebende Verformungen sind Verschiebungen senkrecht zur Mittelachse.

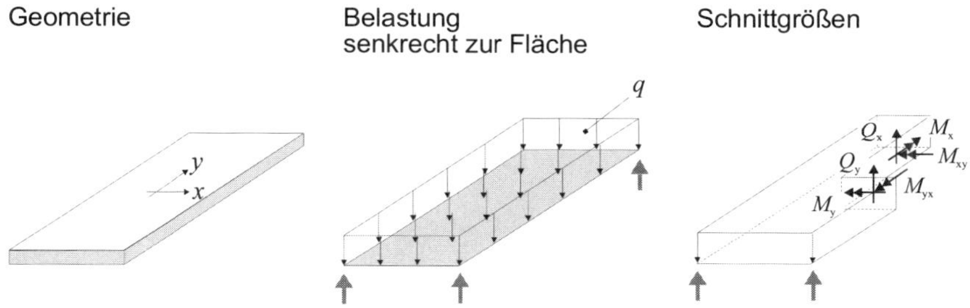

M_x, M_y Biegemomente
M_{xy}, M_{yx} Drillmomente
Q_x, Q_y Querkräfte

Abb. 8.2 Plattentragwirkung

8.2.2 Scheibentragwirkung

Als Scheiben werden ebene Flächentragwerke bezeichnet, die ausschließlich in Richtung ihrer Mittelebene belastet werden. Ihre Beanspruchung besteht vorwiegend aus Normalkraft und Querkraft. Maßgebende Verformungen sind Schubverformungen in ihrer Mittelachse.

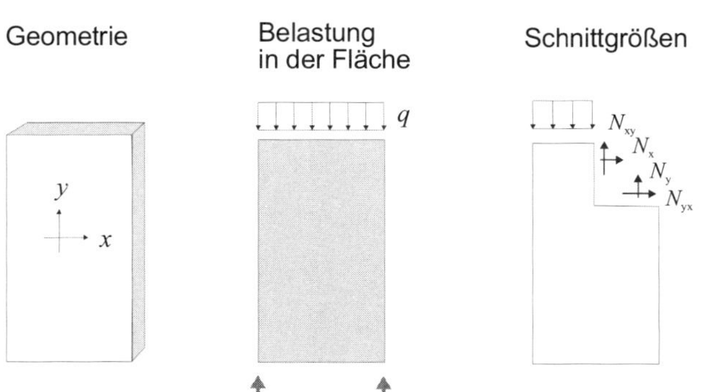

N_x, N_y Längskräfte
N_{xy}, N_{yx} Schubkräfte

Abb. 8.3 Scheibentragwirkung

8.3 Von der Platte zum Faltwerk[14]

Dünne Platten weisen aufgrund ihres geringen Flächenmomentes I schon unter Eigenlast Durchbiegungen auf, die nur durch eine Vergrößerung der Plattendicke, das heißt Vergrößerung des Flächenmomentes, in Grenzen gehalten werden können. Eine Platte nähert sich daher mit zunehmender Dicke, d. h. zunehmendem Flächenmoment der Nebeneinanderreihung von Biegebalken an.

Die Faltung einer dünnen Platte führt zu einer erheblichen Vergrößerung des Flächenmomentes, damit zur Erhöhung der Formstabilität und Vergrößerung der Tragfähigkeit. Notwendig dafür ist jedoch die Stabilisierung der Falten (vgl. Abschnitt 8.5).

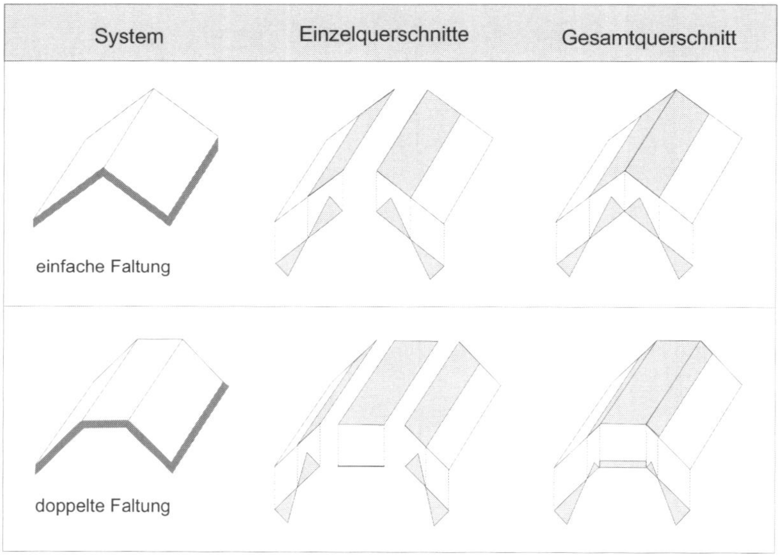

Abb. 8.4 Einfluss der Faltung auf das Spannungsbild

[14] Einen Vergleich der Flächenmomente I von Platte und Falte enthält Anhang A6.

8.4 Faltung und Spannungsbild

Abb. 8.4 zeigt den Einfluss der Faltung auf das Spannungsbild. Im Fall der einfachen Faltung sind die Normalspannungen der Einzelquerschnitte an der gemeinsamen Kante gleichgerichtet. Die Spannungsverteilung bleibt durch die Faltung unverändert.

Im Fall der doppelten Faltung werden die Normalspannungen der einzelnen Seitenscheiben als Scherkräfte in die normalspannungsfreie Horizontalscheibe übertragen. Die Randspannungen werden verringert.

8.5 Verformungen / Stabilisierungen

Bei Faltwerken treten sowohl Verformungen des Querschnitts, das heißt des Faltenprofils, als auch Verformungen entlang der Achse auf. Aus diesem Grunde sind Stabilisierungsmaßnahmen erforderlich !

8.5.1 Verformungen des Faltenprofils

Abb. 8.5 zeigt mögliche Verformungen des Faltenquerschnitts. Dies können die Verschiebung der unteren Kanten (a), das Beulen einer Scheibe (b), das Beulen mehrerer Scheiben (c) und die Veränderung des Faltenwinkels (d) sein.

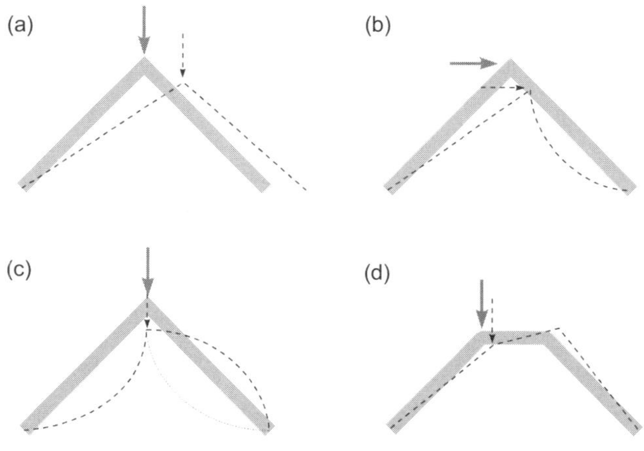

Abb. 8.5 Mögliche Verformungen des Faltenquerschnitts

Die Stabilität des Faltenprofils und des Gesamttragwerks wird durch so genannte **Binderscheiben** gewährleistet, die im Auflagerbereich der Faltwerke angeordnet werden. Aber auch zusätzliche Stabilisierungen außerhalb der Auflagerbereiche sind möglich.

Abb. 8.6 zeigt Ausführungsmöglichkeiten für Binderscheiben. Dies sind z. B. untergesetzte Querscheiben, aufgesetzte Querscheiben, untergesetzte Querrahmen in der Form, dass der Rahmenriegel ein kontinuierliches Auflager bildet, oder dass der Riegelfirst ein punktförmiges Auflager für das Faltwerk darstellt und Queraussteifungen durch Zugband oder Randträger ersetzt werden.

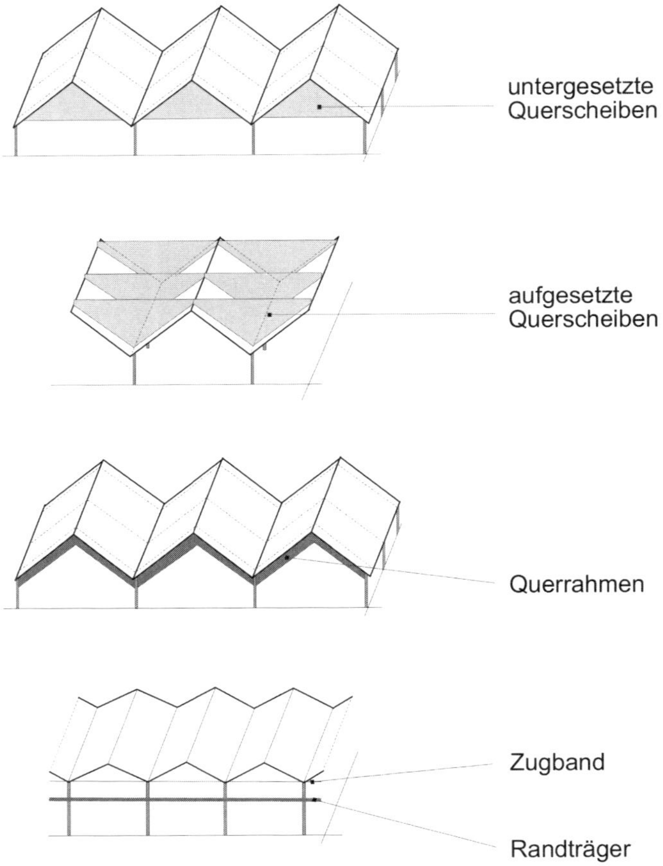

Abb. 8.6 Ausführungsmöglichkeiten von Binderscheiben

8.5.2 Verformungen in Längsrichtung

Kräfte, die das Faltwerk vertikal belasten, werden, wie bereits angesprochen, in Komponenten in Scheibenrichtung (→ Scheibentragwirkung) und senkrecht dazu (→ Plattentragwirkung) aufgespalten und abgetragen. Am Faltwerksrand können die senkrecht zur Scheibe wirkenden Kraftkomponenten nicht mehr ohne große Verformungen des Faltwerkrandes abgetragen werden (siehe Abb. 8.7). Aus diesem Grunde werden Randversteifungen notwendig.

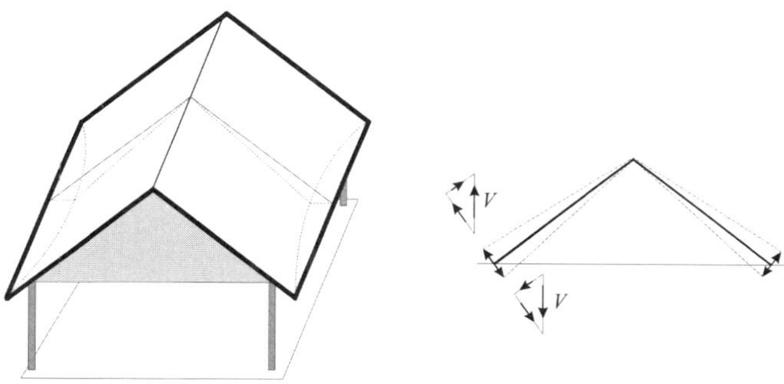

Abb. 8.7 Verformungen des Faltwerkrandes aus Kraftkomponenten senkrecht zur Flächenebene

Randversteifungen können sowohl in der Scheibenebene, in Form von Scheibenaufweitungen als auch in Form von Randbalken angeordnet werden. Anordnungsmöglichkeiten von Versteifungen zeigt Abb. 8.8. Am wirkungsvollsten sind Versteifungen senkrecht zur Flächenebene (a), da senkrechte Kraftkomponenten direkt aufgenommen werden können. Bei flacher Faltung sind horizontale Versteifungen (b) und bei steiler Faltung senkrechte Versteifungen (c) sinnvoll.

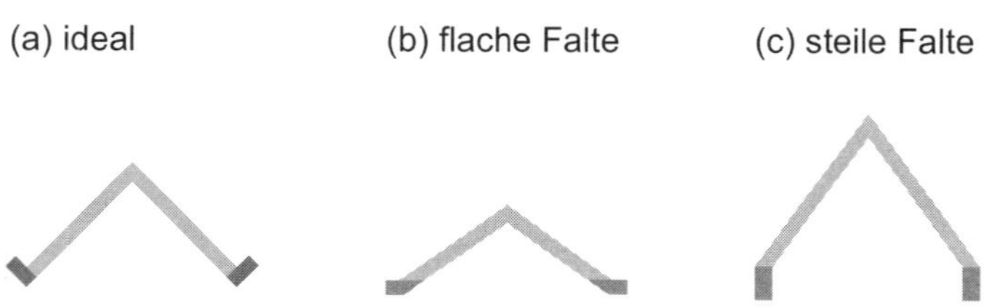

Abb. 8.8 Anordnung von Längsversteifungen

8.6 Baustoffe für Faltwerke

Für Faltwerke gut geeignet ist Stahlbeton, da sowohl gute Plattentragwirkung als auch Scheibentragwirkung zu erzielen ist.

Faltwerke aus Stahl bedürfen vieler Versteifungen, die Plattentragwirkung kann mit einer orthotropen[15] Platte erzielt werden, für die Scheibentragwirkung sind Beulsteifen erforderlich.

Faltwerke aus Holz erfordern Diagonalversteifungen.

---

[15] Das Material (Bauteil) weist seine primären Steifigkeiten in zwei senkrecht zueinander stehenden Richtungen auf.

9 Schalen

„Turmproduktion“ Deutsche-Amphibolin-Werke, Ober-Ramstadt

9.1 Definition

Unter Schalen versteht man Gebilde, die nach einfach oder doppelt gekrümmten Flächen geformt sind und deren Wanddicke im Verhältnis zur Flächenausdehnung gering ist. Beim Stabtragwerk ist zum Vergleich nur eine Abmessung größer als die beiden anderen (siehe Abb. 9.1).

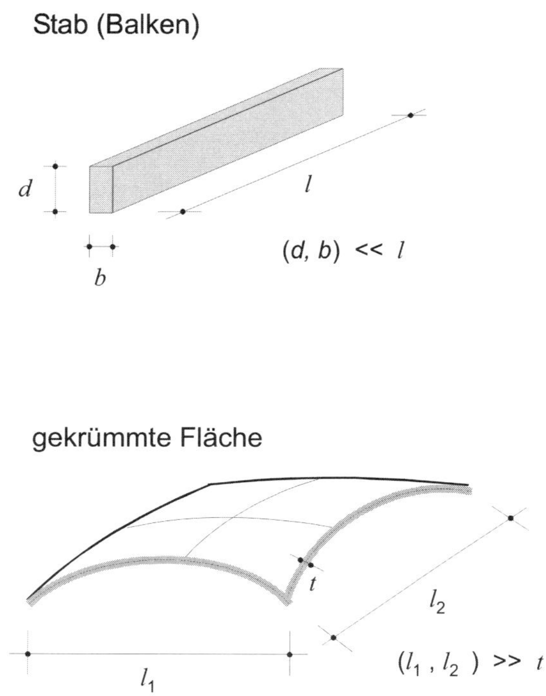

Abb. 9.1 Gegenüberstellung von Stab (Balken) und gekrümmter Fläche

Schalen sind **dünn**, haben eine **gekrümmte Form** und eine gegenüber ihrer Fläche **geringe Dicke**.

9.2 Systematik der Schalenformen

9.2.1 Einfach gekrümmte Schalen

Die Flächen, nach denen einfach gekrümmte Schalen geformt sind, sind **abwickelbar**. Sie entstehen entweder wenn eine Gerade (Mantellinie) auf einer Leitkurve geführt wird, so dass die Mantellinien untereinander parallel sind oder wenn eine Gerade (Mantellinie) auf einer erzeugenden Geraden so geführt wird, dass die Mantellinien stets durch einen festen Punkt im Endlichen gehen und einer beliebigen Leitkurve folgen.
Ein Beispiel für den ersten Fall ist der Zylinder und für den zweiten Fall der Kegel (siehe Abb. 9.2).

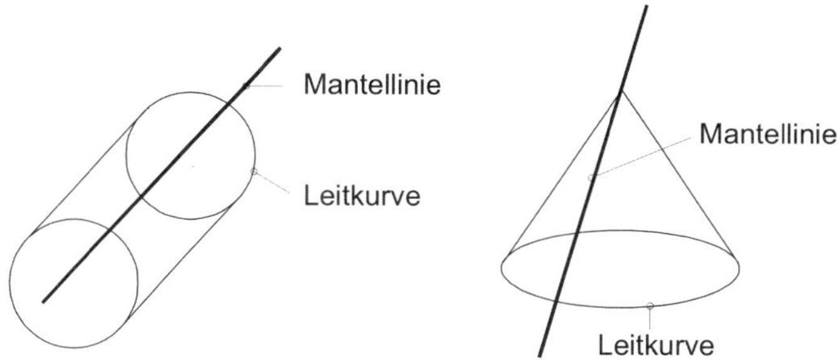

Abb. 9.2 Zylinder und Kegel – einfach gekrümmte Schalen

Gewölbe

Gewölbe entstehen durch das Zusammensetzen von Teilen eines halben Zylinders. Wird ein halber Zylinder durch Diagonalen auseinander geschnitten, so entstehen zwei so genannte Kappenstücke und zwei so genannte Wangenstücke. Setzt man vier Kappenstücke aneinander, so ergibt sich eine Schale in Form eines **Kreuzgewölbes**, vier aneinander gesetzte Wangenstücke ergeben eine Schale in Form eines **Klostergewölbes**.

9.2.2 Zweifach gekrümmte Schalen

Die Gruppe der zweifach gekrümmten Schalen wird unterteilt in

- **Kuppelschalen**, das sind Schalen mit gleich gerichteten Hauptkrümmungen und in
- **Sattelschalen**, das sind Schalen mit gegensinnigen Hauptkrümmungen.

In jeder dieser Untergruppen unterscheidet man **Rotationsflächen** und **Translationsflächen**. Die Flächen, nach denen diese Schalen geformt sind, sind **nicht abwickelbar** und es gibt unendlich viele Flächen dieser Art.

Eine Sonderform der zweifach gekrümmten Schalen mit gegensinnigen Hauptkrümmungen bilden die Regelflächen, welche in Abschnitt 9.2.3 genauer beschrieben werden.

Im Folgenden sind die Haupteigenschaften dieser Schalentypen gegenübergestellt.

Kuppelschalen	**Sattelschalen**
Rotationsflächen	
▪ Die Flächen entstehen durch die Drehung einer ebenen Kurve *(Meridian)* um eine in einer Ebene liegenden Geraden *(Drehachse)* (vgl. Abb. 9.3).	▪ Die Flächen entstehen durch die Drehung einer ebenen Kurve *(Meridian)* um eine in einer Ebene liegenden Geraden *(Drehachse)* (vgl. Abb. 9.4).
▪ Der Meridian ist zur Drehachse konkav.	▪ Der Meridian ist zur Drehachse konvex.
▪ Beispiele sind die **Kugel** mit einem Kreis als Meridian (siehe Abschnitt 9.5), der **Ellipsoid** mit einer Ellipse als Meridian und der **Rotationsparaboloid** mit einer Parabel als Meridian.	▪ Ein Beispiel ist das **einmanteli-ge Hyperboloid**, welches sich bei der Drehung einer Hyperbel um ihre Achse ergibt.

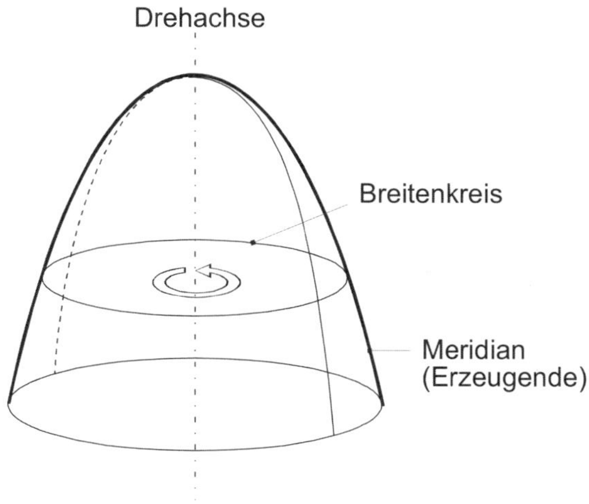

Abb. 9.3 Rotationsfläche bei gleich gerichteten Hauptkrümmungen

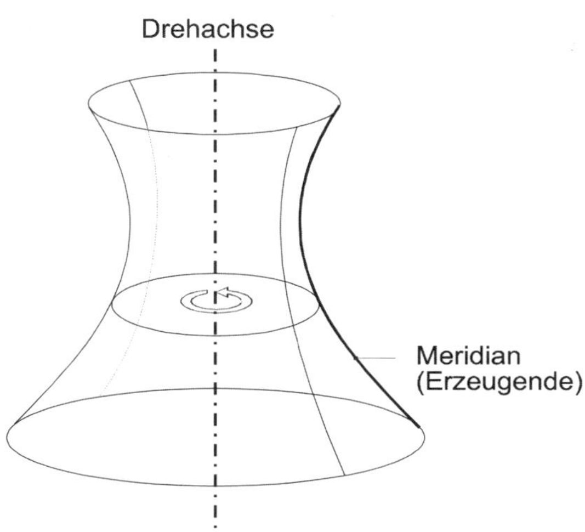

Abb. 9.4 Rotationsfläche bei gegensinnigen Hauptkrümmungen

Kuppelschalen	Sattelschalen
Translationsflächen	
▪ Die Flächen entstehen durch die Führung einer Kurve *(Erzeugende)* auf einer anderen Kurve *(Leitkurve)*, wobei die Erzeugenden zueinander parallel bleiben (vgl. Abb. 9.5).	▪ Die Flächen entstehen durch die Führung einer Kurve *(Erzeugende)* auf einer anderen Kurve *(Leitkurve)*, wobei die Erzeugenden zueinander parallel bleiben (vgl. Abb. 9.6).
▪ Erzeugende und Leitkurve haben gleich gerichtete Krümmungen. Gleich gerichtet bedeutet in diesem Fall, beide Krümmungsradien, d. h. die Mittelpunkte beider Kurven liegen auf einer Seite.	▪ Erzeugende und Leitkurve haben gegensinnige Krümmungen. Gegensinnig bedeutet in diesem Fall, beide Krümmungsradien, d. h. die Mittelpunkte der Kurven liegen auf entgegengesetzten Seiten.
	▪ Ein Beispiel ist das hyperbolische Paraboloid, bei dem sowohl Erzeugende als auch Leitkurve Parabeln sind.

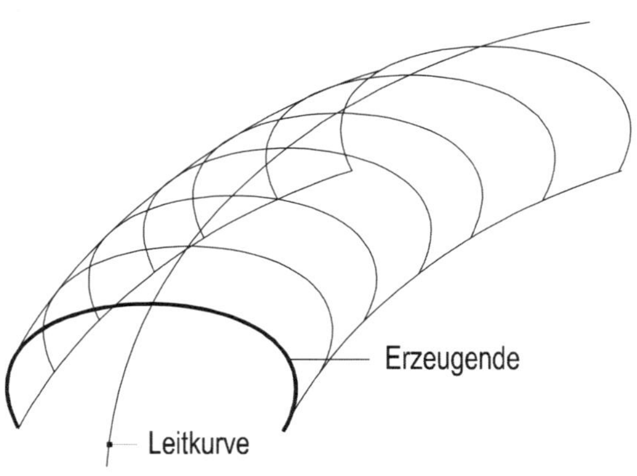

Abb. 9.5 Translationsfläche bei gleich gerichteten Hauptkrümmungen

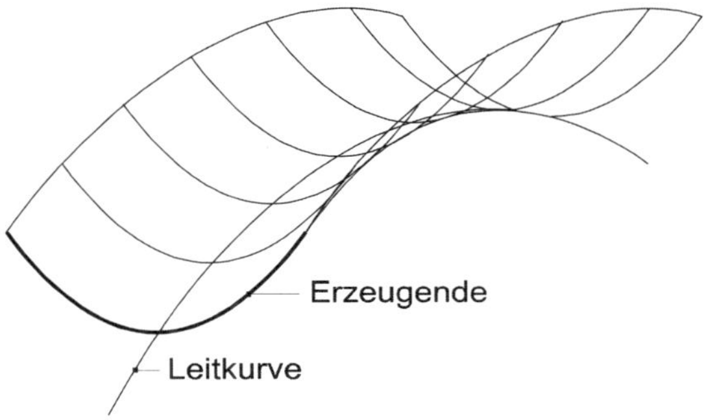

Abb. 9.6 Translationsfläche bei gegensinnigen Hauptkrümmungen

9.2.3 Regelflächen

Regelflächen[16] sind alle gekrümmten Flächen, die durch **Bewegung einer erzeugenden Geraden entlang zweier Leitlinien** entstehen. Sie gehören zur Gruppe der zweifach gekrümmten Schalen mit gegensinnigen Hauptkrümmungen.

Die allgemeine Definition der Erzeugung durch eine Gerade reicht aber noch nicht zur Bestimmung einer solchen Fläche aus. Es muss festgelegt werden, nach welchen Gesetzen die Gerade die begrenzenden Leitlinien schneidet.

Beim **einmanteligen Hyperboloid** teilt die Erzeugende die beiden identischen Leitkurven in gleich große Teile ein (Abb. 9.7), beim **hyperbolischen Paraboloid** teilt die Erzeugende zwei windschief zueinander stehende und sich nicht schneidende Geraden in gleich große Teile ein (Abb. 9.8) und beim **Konoid** muss die Erzeugende so geführt werden, dass sie, einer geraden und einer gekrümmten Leitlinie folgend, immer parallel zu einer festen Ebene bleibt (Abb. 9.9).

[16] "Regel" kommt von der alten Bezeichnung für Lineal, einem geradlinigen Element.

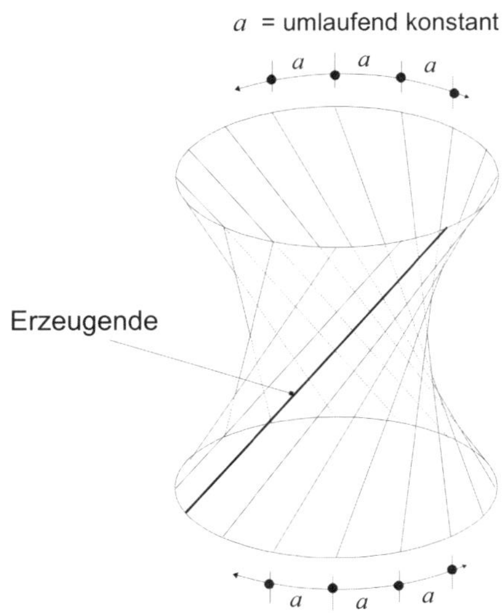

Abb. 9.7 Einmanteliges Hyperboloid

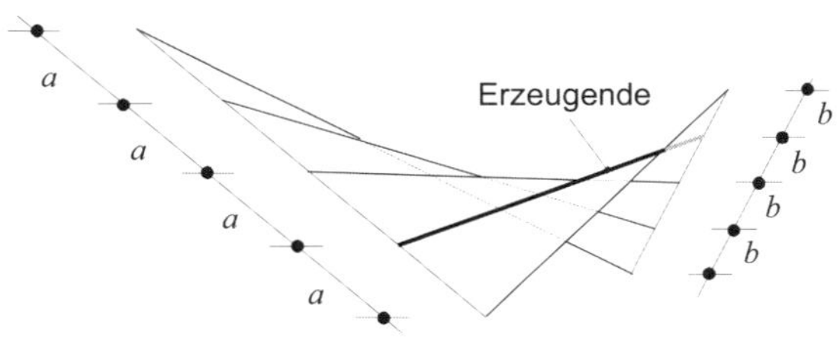

Abb. 9.8 Hyperbolisches Paraboloid

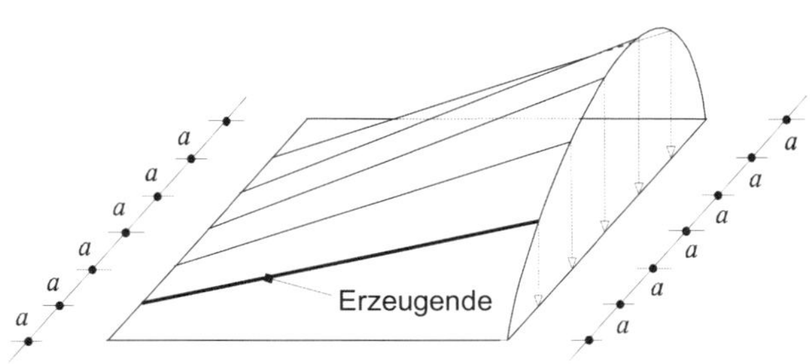

Abb. 9.9 Konoid

9.3 Statische Wirkungsweise gekrümmter Flächen

9.3.1 Beanspruchung des Schalenelementes

Die Schnittgrößen in Richtung der Schalenfläche, die Normalkräfte der Schale, nennt man **Membrankräfte**. Schnittkräfte senkrecht zur Schalenfläche sind Querkräfte und Biegemomente.

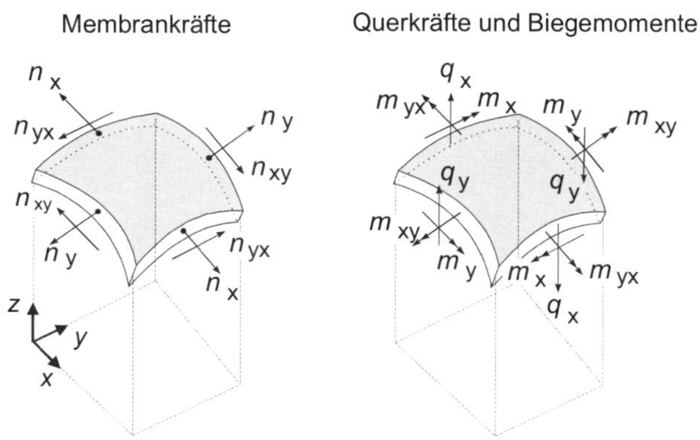

Abb. 9.10 Schnittgrößen am Schalenelement

Kräfte die senkrecht auf die Schalenfläche wirken, müssen zwangsläufig nicht immer über Biegung abgetragen werden. Bei entsprechender Modellierung der Schale können diese Lasten direkt über Membrankräfte, das sind Normalkräfte, aufgenommen werden.

9.3.2 Prinzip der Membranschale

Das Grundprinzip, die Aufnahme der Lasten durch Zug- oder Druckkräfte stellt eine Analogie zum Stützlinienbogen dar. Man kann sich gekreuzte Bögen, die in zwei Richtungen tragen, vorstellen (Abb. 9.11).

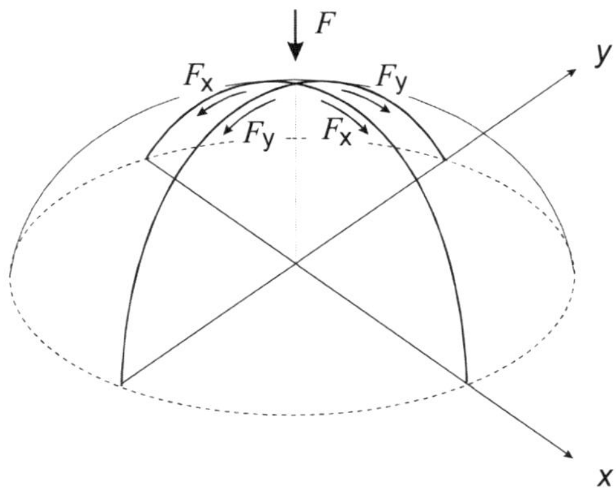

Abb. 9.11 Anschauungsmodell der gekreuzten Bögen

Aus Abb. 9.11 wird ersichtlich, dass eine Last F in zwei Richtungen abgetragen wird. Die Lastanteile in Richtung des "*x*-Bogens" entsprechen den Membrankräften n_x, die Lastanteile in Richtung des "*y*-Bogens" den Membrankräften n_y.
Wie auch die Tragfähigkeit der zweiachsig gespannten Platte gegenüber der einachsig gespannten Platte größer ist, wird hier durch die Aufteilung der Last die Tragfähigkeit des Systems erhöht. Von entscheidender Bedeutung ist jedoch die "automatische" Stabilisierung des Systems. Nimmt der schwach gekrümmte Bogen bei gleicher Verformung weniger Last auf, so wird diese automatisch auf den stärker gekrümmten umgelagert. Die Folge des Zusammenwirkens ist, dass die Membranschale nicht nach einer Stützlinie geformt werden muss. Sie ist in der Lage, weitgehend beliebige Flächenlasten aufzunehmen.

9.3.3 Biegesteife Schalen

Im Prinzip wirken in jeder Schale neben Membrankräften auch Biegemomente, ihre Bedeutung ist aber sehr unterschiedlich. Grundlegend unterscheidet man die beiden Möglichkeiten Biegeschalen und Membranschalen.

Bei Biegeschalen sind Biegemomente zur Aufnahme der äußeren Lasten unerlässlich. In Membranschalen treten Biegemomente als Nebenwirkung infolge unvermeidbarer Verformungen auf, werden aber rechnerisch nicht berücksichtigt.

Bei allen druckbeanspruchten Schalen ist jedoch eine gewisse Biegesteifigkeit notwendig, und im Allgemeinen auch vorhanden, um Ausbeulen zu vermeiden. Biegeschalen betrachtet man immer dann, wenn die Membrantheorie allein zur Lastabtragung nicht ausreicht.

Beispiel:
Bei zylindrischen Schalenformen ist der Krümmungsradius der Mantellinien $R = \infty$. Es kann sich also entlang der Mantellinien keine Membranlastabtragung einstellen. Aufgrund der fehlenden Doppelkrümmung bildet sich ein inneres Biegemoment aus den n_x-Spannungen. Die Schale entspricht in ihrer Längsrichtung einem Balken mit gebogenem Querschnitt (vgl. Abschnitt 9.4).

Biegemomente treten zwangsläufig an freien Rändern von Schalen auf, da die Membrankräfte senkrecht zum freien Rand verschwinden und über Biegung in der anderen Richtung aufgenommen werden müssen.

Membranschalen werden darüber hinaus an Stellen durch zusätzliche Biegemomente belastet, wo die Verformung durch angrenzende Bauteile beeinflusst wird, z. B. an versteiften Rändern und an Auflagern.

9.3.4 Stabilität von Schalen

Günstig geformte Schalen haben bei geringer Konstruktionshöhe eine große Tragfähigkeit.
Sind die Membrankräfte Druckkräfte, so besteht jedoch wie beim Knickstab die Gefahr der Instabilität. Schalen weichen bei großer Druckbelastung unter Bildung einer "Beule" der Belastung aus, man spricht hier von **Schalenbeulen**.
Wie auch beim Knickstab ist diese Instabilität von der Schlankheit, bei Schalen von dem Verhältnis von Krümmungsradius zu Schalendicke $\lambda = R / d$, abhängig.

9.4 Zylinderschalen

9.4.1 Geometrie "langer Zylinderschalen"

Zylinderschalen entstehen, wenn ein Zylinder entlang der Mantellinien in Teilflächen auseinandergeschnitten wird. Der Querschnitt dieser Schalen kann ein Halbkreis, aber auch ein Kreisbogensegment sein.

In allen Fällen gilt bezüglich der Abmessungen:

$(h,b) << l$	Querschnittsbreite und Querschnittshöhe sind wesentlich kleiner als die Schalenspannweite
$R > 500 \cdot d$	Krümmungsradius ist mindestens 500-mal größer als die Schalendicke, sonst degeneriert die Schale zur Platte

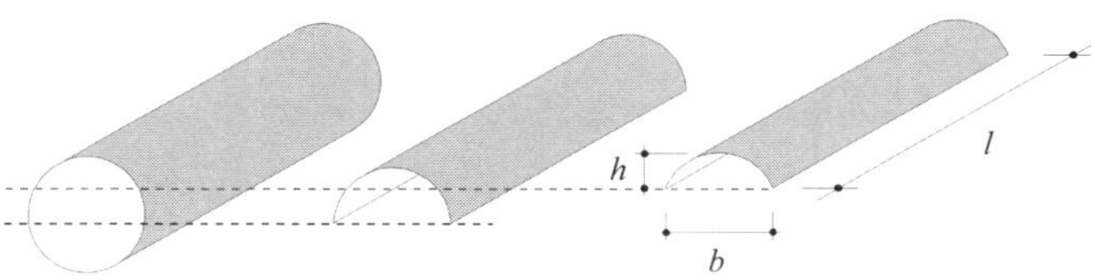

Abb. 9.12 "Lange Zylinderschalen"

In Abschnitt 9.4.4 wird gezeigt, dass die Bezeichnung "lange" Zylinderschale nicht notwendig ist, da eine so genannte "kurze" Zylinderschale fälschlich als Schale bezeichnet wird. Mit Zylinderschale kann eindeutig nur die so genannte "lange" Zylinderschale bezeichnet werden, die auch im Folgenden behandelt werden soll.

9.4.2 Tragwirkung

Um die Membrankräfte der Zylinderschale zu aktivieren, muss der Schalenquerschnitt deutlich von der Stützlinie abweichen. Im Idealfall ist die Tangentialebene am Schalenrand vertikal, die Ringkräfte n_φ werden dann null.

Unter der Voraussetzung, dass **1.** $(h,b) << l$; **2.** eine einwandfreie Auflagerung vorhanden ist **(keine Randunterstützung !)** und **3.** aussteifende Binderscheiben vorhanden sind, verhalten sich die Zylinderschalen in Längsrichtung wie gerade Balken mit gekrümmtem Querschnitt. Durch die dem Balken ähnliche Tragwirkung stellen sich im Tragwerk Zonen ein, in denen Zug- und Druckkräfte herrschen. Im Kämpferbereich der Schale treten Zugkräfte auf, die ihr Maximum am unteren Rand erreichen und Druckkräfte die im Scheitelbereich wirken. Die Größe der Schalenkräfte n_x ist abhängig vom Momentenverlauf des "Balkens".

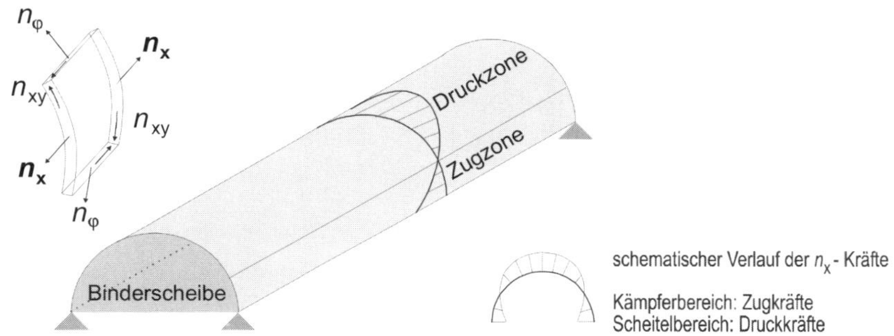

Abb. 9.13 n_x- Kräfte der Zylinderschale

In der Haupttragrichtung kann daher das statische System außer dem einfachen "Balken" auch ein "Balken mit Auskragung", ein "Durchlaufbalken" oder ein "Kragbalken" sein.

Wie auch beim Balken herrscht in der Schale Gleichgewicht zwischen Querkraft und Belastung. Die Querkraft erzeugt im Schnitt Schubspannungen n_{xy}, sie sind am Schalenrand und im Scheitel null.

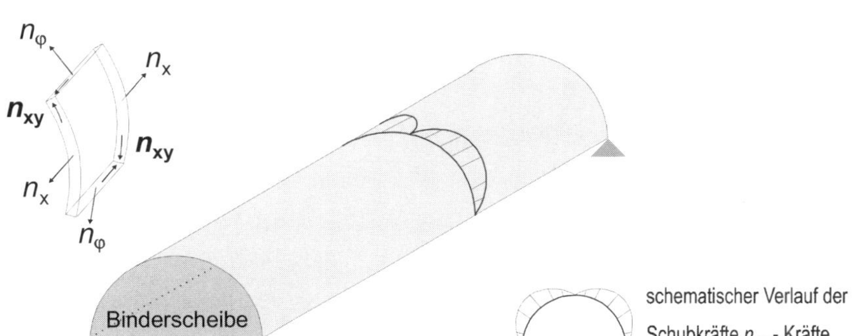

Abb. 9.14 n_{xy}- Kräfte der Zylinderschale

Zusätzlich zu den schon vom Balken her bekannten Kräften tritt in der Schale eine tangentiale Membrankraft oder Ringkraft n_φ auf, die auf der gesamten Länge der Schale im Scheitel ein Maximum hat und am Schalenrand null ist. Nur dadurch ist der freie Rand möglich. Die Ringkraft ist eine Druckkraft.

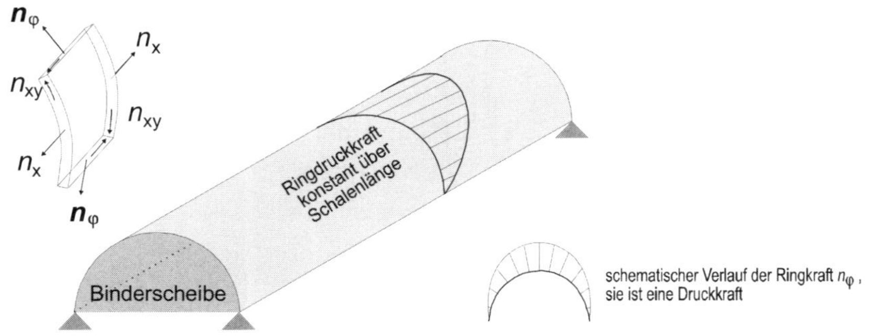

Abb. 9.15 n_φ- Kraft der Zylinderschale

9.4.3 Binderscheiben und Randglieder

Binderscheiben

Wie bei den Faltwerken (vgl. Abschnitt 8.5.1) sind auch bei Zylinderschalen im Auflagerbereich Binderscheiben notwendig, um die Kräfte in die Auflager einzuleiten und die Querschnittsform zu gewährleisten.

Die Kräfte der Schale werden über Schubspannungen in die Binderscheiben eingeleitet. Die Beanspruchung der Binderscheiben geschieht also in Richtung der Schalenfläche und ist dort am größten, wo auch die Schubkräfte (vgl. Abschnitt 9.4.2) am größten sind.

Zur Ausführung der Binderscheiben gelten entsprechend die Ausführungen in Abschnitt 8.5.1.

Randglieder

Genau wie die freien Ränder der Faltwerke in Längsrichtung einer Stabilisierung bedürfen sind auch bei Schalen stabilisierende Randglieder anzuordnen.

Hier gelten entsprechend die Ausführungen in Abschnitt 8.5.2.

9.4.4 "kurze Zylinderschalen"

Wie auch schon in Abschnitt 9.4.1 angesprochen, ist der Begriff der "kurzen Zylinderschale" nicht zutreffend. Da die Spannweite dieser "Schale" in Richtung der Mantellinie wesentlich kürzer ist als ihre Breite (Abb. 9.16), kann die Balkenanalogie hier nicht mehr angewendet werden. Die Lastabtragung geschieht in Querrichtung, das heißt, maßgebend wird die **Bogenwirkung**; die „Schale“ kann als Reihe von nebeneinander stehenden Bögen aufgefasst werden.
Entgegen der "langen Zylinderschale" ist die optimale Form der "kurzen Zylinderschale" die Stützlinie für den Hauptlastfall (analog zum Bogen).

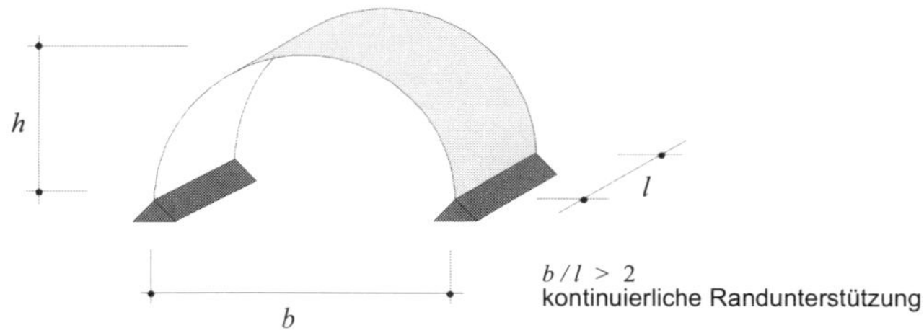

Abb. 9.16 Geometrie der "kurzen Zylinderschale"

Eine einseitige Belastung der "kurzen Zylinderschale" hat große einseitige Verformungen und entsprechende Biegemomente zur Folge. Diese können durch Binderscheiben aufgefangen werden, was allerdings voraussetzt, dass eine gewisse Längstragfähigkeit vorhanden ist. Diese Längstragfähigkeit wird durch Teile der Schale gebildet, in dem sich längs wirkende Träger ausbilden. Die Binderscheiben müssen die Lastanteile aufnehmen, die nicht von der Stützlinie aufgenommen werden können (Abb. 9.17).

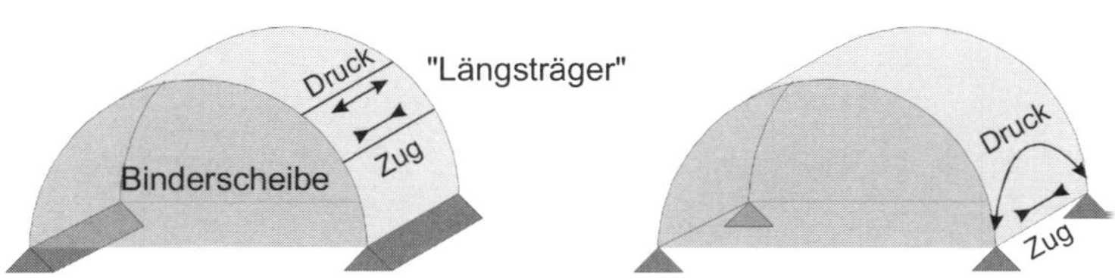

Abb. 9.17 Binderscheiben und "Längsträger"
"Auflagerscheibe" mit Druckkraft und Zugkraft

Ist der Längsrand nicht kontinuierlich aufgelagert, so muss das angrenzende Schalengebiet als Scheibe wirkend die Längskräfte übertragen. In der Scheibe bildet sich ein Druckbogen und eine Längszugkraft aus. Der Rand muss in diesem Fall durch einen Randträger stabilisiert werden (analog zur "langen Zylinderschale").

9.5 Kugelschalen

Die einfachste Form der doppelt gekrümmten Membranschale ist die Kugelschale. Ihre Erzeugung ist in Abschnitt 9.2.2 beschrieben. Die für die weitere Betrachtung notwendigen Bezeichnungen sind in Abb. 9.18 wiedergegeben.

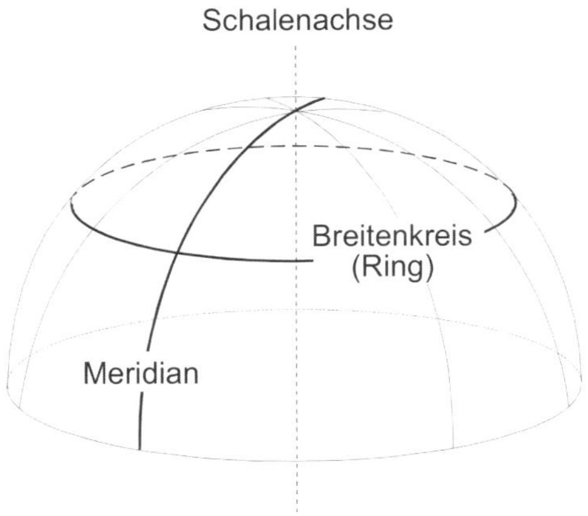

Abb. 9.18 Bezeichnungen bei Kugelschalen

9.5.1 Kugel unter gleichmäßig verteilter lotrechter Belastung

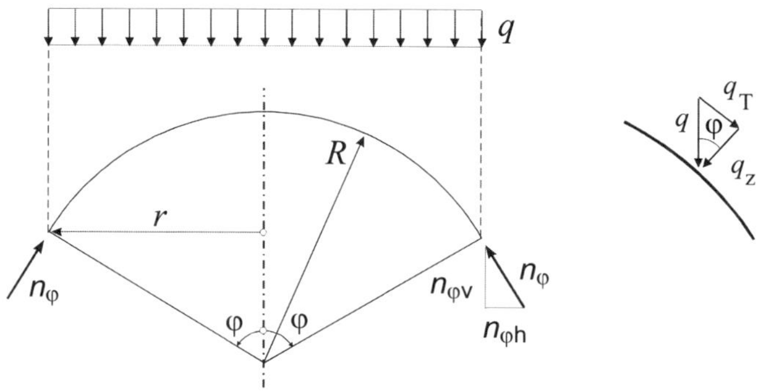

Kräfte in Meridianrichtung → Meridiankräfte n_φ
Kräfte in Ringrichtung → Ringkräfte n_θ

Abb. 9.19 Kugelabschnitt mit Meridiankräften n_φ

Nach Abb. 9.19 kann man schreiben:

$$r = R \cdot \sin\varphi$$
$$U = 2 \cdot \pi \cdot r$$
$$F = \pi \cdot q \cdot r^2 = \pi \cdot q \cdot R^2 \cdot \sin^2\varphi$$
$$q_Z = q \cdot \cos\varphi$$

für die Meridiankraft:

$$n_{\varphi v} = \frac{F}{U} = \frac{\pi \cdot q \cdot r^2}{2 \cdot \pi \cdot r} = \frac{q \cdot r}{2} = \frac{q \cdot R}{2} \cdot \sin\varphi$$
$$n_\varphi = \frac{n_{\varphi v}}{\sin\varphi} = \frac{-q \cdot R}{2} = \text{konstant} \qquad \text{(Druckkraft)}$$

für die Ringkraft gilt:

$$p_Z = \frac{n_\varphi}{R} + \frac{n_\theta}{R}$$
$$p \cdot \cos\varphi = \frac{n_\varphi}{R} + \frac{n_\theta}{R} = \frac{-q \cdot R}{2R} + \frac{n_\theta}{R}$$
$$n_\theta = -q \cdot R \cdot (\cos\varphi - \frac{1}{2})$$

Für Winkel $\varphi = 0°$, $\varphi = 60°$ und $\varphi = 90°$ ergeben sich folgende Werte für die Ringkraft:

$$\varphi = 0° \quad \Rightarrow \quad n_\theta = \frac{-q \cdot R}{2} = n_\varphi \qquad \text{(Druckkraft)}$$

$$\varphi = 60° \quad \Rightarrow \quad n_\theta = 0$$

$$\varphi = 90° \quad \Rightarrow \quad n_\theta = \frac{q \cdot R}{2} \qquad \text{(Zugkraft)}$$

Bei gleichmäßig verteilter Belastung, also auch im Lastfall Eigenlast, treten in der Kugelschale keine Schubkräfte auf. Es wirken nur Meridian- und Ringkräfte.

Unter Eigenlast ist der Verlauf der Kräfte ähnlich

- im Scheitel bei $\varphi = 0°$ sind $n_\varphi = n_\theta = \frac{-g \cdot R}{2}$
- die Nulllinie liegt bei $\varphi = 45°$
- am unteren Rand bei $\varphi = 90°$ sind $n_\varphi = -g \cdot R$ und $n_\theta = +g \cdot R$

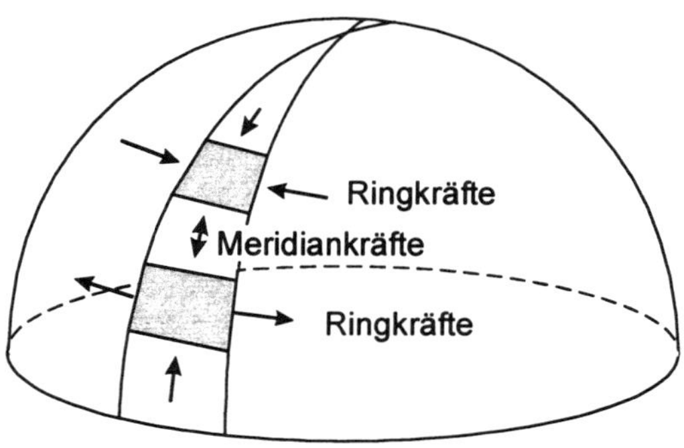

Abb. 9.20 Kräfte in der Kugelschale bei gleichmäßig verteilter Belastung

9.5.2 Kugelschale unter beliebiger Belastung

Unter einer nicht **zentralsymmetrischen Belastung** wie z. B. Schnee oder Wind entstehen neben den Meridian- und Ringkräften auch Schubkräfte $n_{\varphi\theta}$.

Einzellasten bewirken in ihrer Umgebung Biegemomente und Querkräfte wie bei einer Platte. Für den Entwurf und die Konstruktion einer Kugelschale ergibt sich daher die Notwendigkeit, keine Einzellasten direkt auf die Schale zu stellen bzw.

anzuhängen. Für so geartete Lasten muss eine Verteiler- oder Verstärkungskonstruktion vorgesehen werden, die die Lasten auf eine größere Fläche verteilen.

9.5.3 Auflagerung von Kugelschalen

Kugelschalen werden am Rand aufgelagert, an einer Stelle also, wo der Membranzustand der Schale gestört ist.

Da die Auflagerkräfte den Ring- und Meridiankräften entsprechen, ist es sinnvoll, die Auflagerkräfte in Richtung der Schalenfläche einzuleiten. Das kann zum Beispiel durch schräg gestellte Stützen geschehen, deren Neigung der "Resultierenden" entspricht.

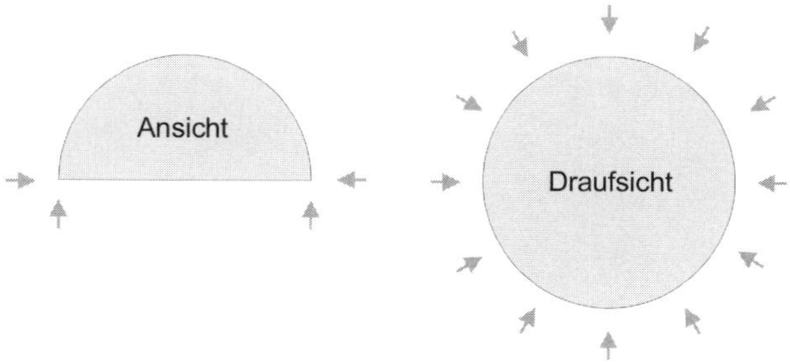

Abb. 9.21 Richtung der Auflagerkräfte bei einer Kugelschale

Nicht jeder Entwurf kann die zuvor beschriebene Auflagerungsart berücksichtigen. Je nach Anforderung ist auch eine **kontinuierliche Auflagerung** der Kugelschale entlang des Breitenkreises oder eine **Auflagerung an einzelnen Punkten** möglich. Dabei sind jedoch einige konstruktive Randbedingungen zu beachten:
Bei einer **kontinuierlichen Auflagerung** entlang des Breitenkreises, zum Beispiel auf einer ringförmigen Unterkonstruktion oder auf einem Zylinder, können die in diesem Fall auftretenden Randstörungen durch Randglieder oder Schalenaufweitungen aufgenommen werden.
Bei der **Auflagerung auf einzelnen Punkten**, das heißt bei Auftreten eines freien nicht abgestützten Randes, gilt das in Abschnitt 9.4.4 bezüglich der Scheibenwirkung Dargelegte analog.

10 Hängekonstruktionen

„Messehalle 26“, Hannover

10.1 Definition

Bei Tragwerken, die als Hängekonstruktionen ausgebildet sind, werden die äußeren Lasten in erster Linie durch Zugbeanspruchungen der Tragwerksteile abgeleitet. Die unterschiedlichen Tragwerksformen (Hängedach, Seilbinder, Seilnetz) werden durch die Art ihrer Stabilisierung bestimmt.

10.2 Die Kettenlinie (Seillinie)

Stellt man sich an einem masselosen Seil eine Anzahl von gleich schweren Kugeln aufgezogen vor, so werden diese einen Gleichgewichtszustand annehmen, bei dem jede Kugel die tiefste ihr mögliche Lage einnimmt. Verdichtet man die Kugelreihe, so entsteht bei der gedachten Verbindung der Kugelmittelpunkte die sog. **Ketten-** oder **Seillinie**. Diese Form nimmt ein frei durchhängendes massebehaftetes, d.h. nur durch seine Eigenlast belastetes Seil ein (siehe Abb.10.1).

Die Form der Seillinie ist abhängig von der Länge des Seils und vom Abstand a der Aufhängepunkte. In Abhängigkeit von Aufhängeabstand und Seillänge verändert sich die Tangentenneigung α an den Aufhängepunkten.
Je kleiner der Winkel α ist, umso größer wird die Seilkraft S (Abb. 10.1(a)). In Seilmitte erreicht sie ihren Minimalwert, an den Aufhängepunkten ihren Maximalwert (Abb. 10.1(b)).

Die Auflagerreaktionen S_{A} sind tangential zur Seillinie gerichtet, d. h. sie haben vertikale (S_{AV}) und horizontale (S_{AH}) Komponenten. Mit zunehmendem Winkel α, d. h. mit zunehmendem Durchhang, nimmt die Horizontalkomponente ab. Folgende theoretische Grenzfälle können dabei betrachtet werden:

$$f = \infty \quad (\alpha = 90°) \quad \Rightarrow \quad S_{\mathrm{AH}} = A = 0$$
$$f = 0 \quad (\alpha = 0°) \quad \Rightarrow \quad S_{\mathrm{AH}} = H = \infty$$

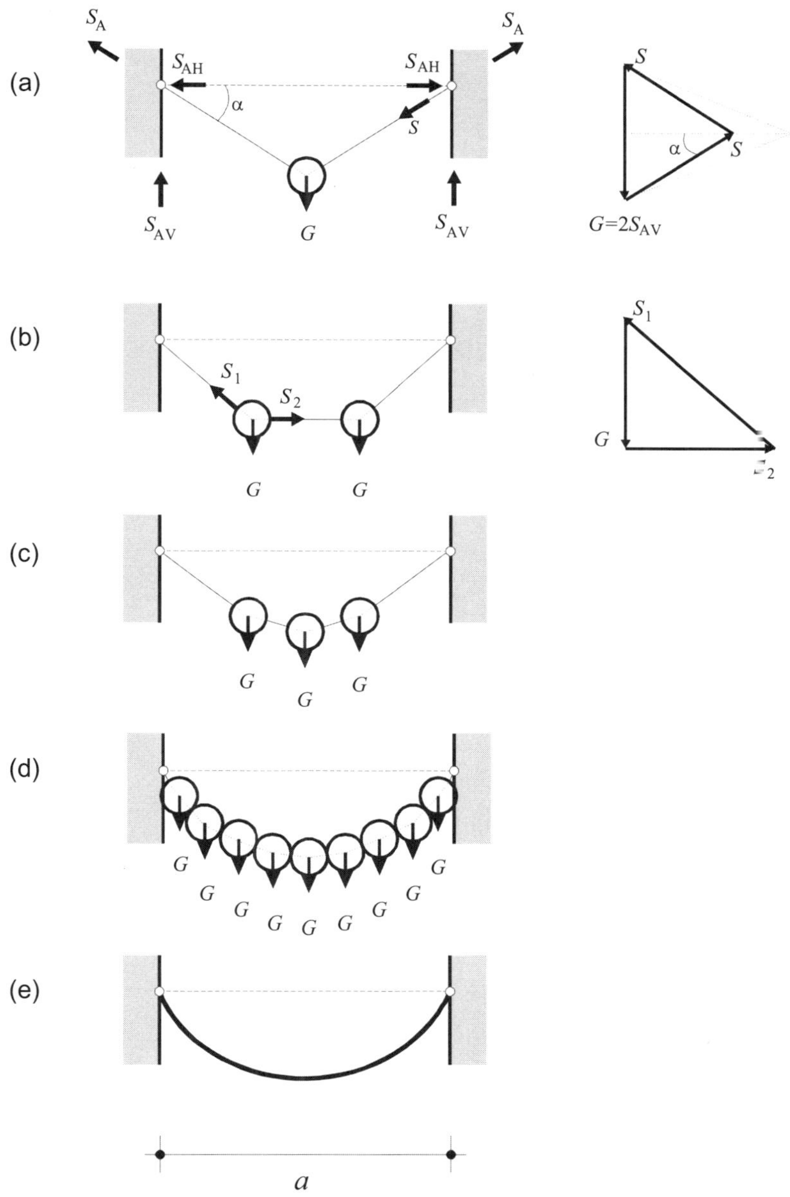

Abb. 10.1 Veranschaulichung der Seillinie

10.3 Näherungsweise Betrachtung der Seillinie

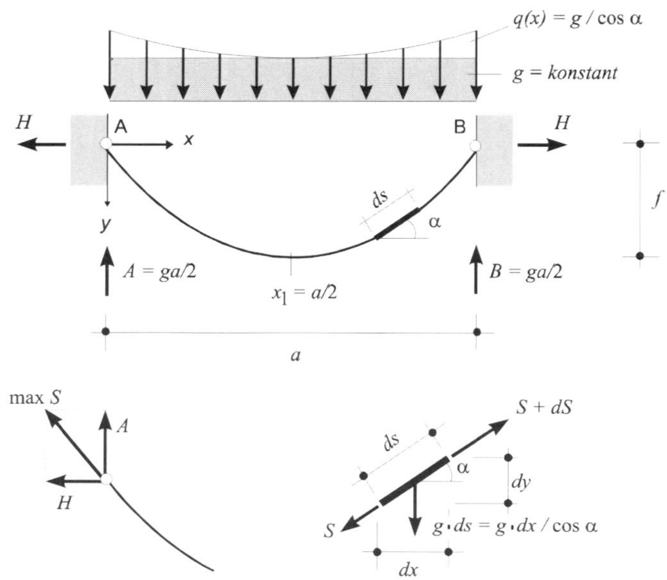

Abb. 10.2 System und Bezeichnungen

Unter den Voraussetzungen, dass q konstant ist, dass das Seil keine Biegesteifigkeit besitzt ($EI = 0$) und dass das Seil eine Dehnsteifigkeit besitzt ($EA \neq 0$) kann man als Näherungslösung für die Seillinie eine quadratische Parabel der folgenden Form angeben.[17]

$$y = \frac{4 \cdot f}{a^2} \cdot (a \cdot x - x^2)$$

Demgegenüber lautet die exakte Gleichung der Seillinie:

$$y = \frac{H}{g} \cdot \left(\cosh \frac{g(x)}{H} - 1 \right)$$

wobei g entsprechend Abb. 10.2 $g(x) = \dfrac{g}{\cos \alpha}$ ist.

---

[17] Herleitung siehe Anhang A7.

Bei Verhältnissen von $f / a \leq 0{,}1$ sind die Unterschiede zwischen exakter Lösung und Näherungslösung ohne große praktische Bedeutung. Bei Seilen mit größerem Durchhang wird der Fehler gerade für den Wert f bedeutend. Dennoch kann mit Hilfe der Näherungsformel in der Entwurfsphase der Seilverlauf bei vorgegebenen Randbedingungen, d. h. Stützweite a und Durchhang f, ermittelt werden. Gleiches gilt für die Seillänge und die maximale Seilkraft.

Seillänge

Die Seillänge s ergibt sich näherungsweise[18] zu

$$s \approx a \cdot \left[1 + \frac{8}{3} \cdot \left(\frac{f}{a}\right)^2\right]$$

Maximale Seilkraft

Die maximale Seilkraft S ergibt sich näherungsweise[17] zu

$$\max S = H \cdot \sqrt{1 + \left(\frac{4 \cdot f}{a}\right)^2}$$

Diese Gleichung ist bei der Berechnung von Hängedächern ohne Vorspannung anwendbar. Ein Vorspannungszustand kann jedoch auf so einfache Art und Weise nicht erfasst werden !

10.4 Vor- und Nachteile

Hängekonstruktionen bieten große architektonische Freiheiten besonders wenn es gilt, große Weiten zu überspannen.
Da sie eine geringe Eigenlast haben, sind schwere massenaktive Querschnitte nicht notwendig und durch das nahezu alleinige Auftreten von Zugspannungen können Werkstoffe optimal ausgenutzt werden.
Darüber hinaus können Stabilitätsnachweise im üblichen Sinne entfallen.

Die Freiheiten des architektonischen Entwurfes wiederholen sich jedoch nicht bei Berechnung und Konstruktion. Beide sind aufwendig und kompliziert und fordern einige Erfahrung.

---

[18] Herleitung siehe Anhang A7.

Ein komplizierter Vorspannungszustand, komplizierte Knoten und Verankerungspunkte sowie die für Fundamente ungünstige Zugbelastung tragen dazu ebenso bei wie große Verformungen durch äußere Lasten und Temperatur infolge fehlender Biegesteifigkeit.
Darüber kann sich die Installationsführung als schwierig erweisen.

10.5 Stabilisierungsmöglichkeiten

Besonders wichtig bei allen Seiltragwerken ist die Vermeidung von Instabilitäten hervorgerufen durch schlaffe Seile. Dies kann beispielsweise durch auf eine Dachfläche wirkende Windsogkräfte verursacht werden, oder aber auch durch ungünstige Vorspannungszustände bei Netzen.

Die Art und Weise der Stabilisierung bestimmt die Form des Seiltragwerkes. Dabei unterscheidet man die **Stabilisierung durch Gewicht**, **durch gegengekrümmte vorgespannte Seile** oder durch eine **Kombination** der zuvor genannten Möglichkeiten.

Bei einem Hängedach erfolgt die Stabilisierung einachsig durch Gewicht.
Bei einem Seilbinder erfolgt die Stabilisierung durch einachsig angeordnete gegengekrümmte vorgespannte Seile und bei einem Seilnetz (Membran) durch zweiachsig angeordnete gegengekrümmte vorgespannte Seile.
Die Kombination, die „Stabilisierung durch Gewicht und vorgespannte Seile“ ist eine einachsig angeordnete Stabilisierung.

10.6 Das Hängedach

Hängedächer bestehen aus **Tragseilen**, welche zwischen festen Widerlagern hängen und entsprechen daher am ehesten dem einfach hängenden Seil.
Sie sind einachsig gekrümmt, sie "hängen" in einer Richtung, d. h. sie folgen in ihrer Hauptrichtung der Kettenlinie und sind senkrecht dazu annähernd gerade.
Die Gewichtsstabiliserung kann sowohl durch senkrecht zu den Seilen verlaufende Stabilisierungsträger als auch durch die Ausbildung einer Schale in der Seilebene erzielt werden.

Da die Stabilisierungsträger oder die Schale die frei hängenden Seile miteinander verbinden werden dadurch Queraussteifung und Lastverteilung gewährleistet.
Da die Stabilisierung durch Gewicht erreicht wird ist für ein Hängedach immer eine „schwere" Dachhaut erforderlich.

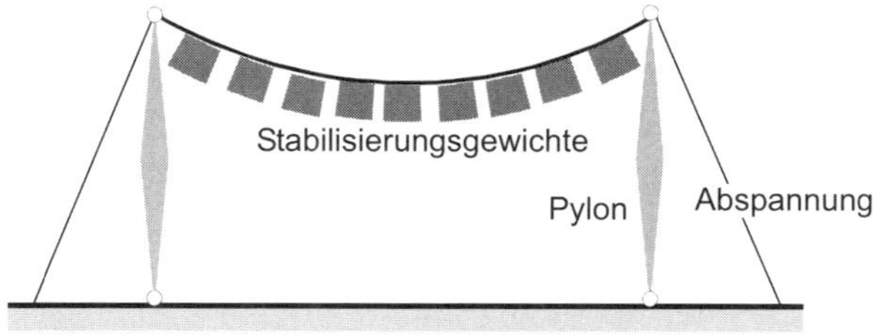

Abb. 10.3 Stabilisierung durch Gewichte
(Stabilisierungsträger = Stabilisierungsgewichte))

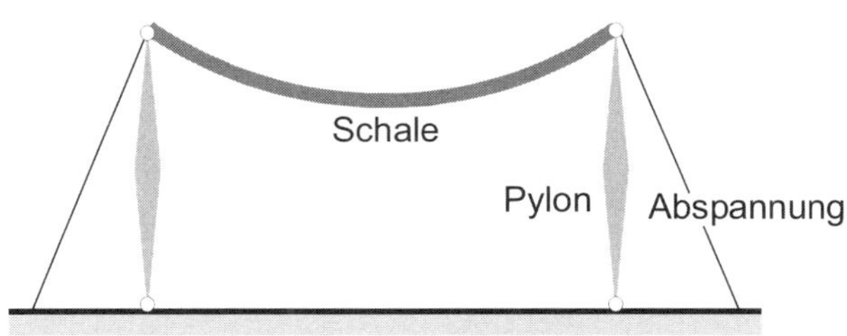

Abb. 10.4 Stabilisierung durch eine Schale

10.7 Der Seilbinder

Seilbinder bestehen aus zwei Hauptseilen, dem **Tragseil** und dem **Spannseil**, welche in der Regel durch Zugelemente, so genannte Hänger, miteinander verbunden sind.
Das Trag- und Spannseil entsprechen einer "gezwungenen" Kettenlinie. Dieser Zwang wird durch die geraden oder schrägen Hänger ausgeübt.

Die Schwierigkeit der Ausführung eines Seilbinders liegt darin, den Vorspannungszustand so zu bestimmen, dass in allen Lastfällen nur Zugkräfte auftreten, Druckkräfte würden zu Instabilitäten der Konstruktion führen. Seilbinder sind weniger verformungs- und schwingungsanfällig als Hängedächer, darüber hinaus ist eine Ausführung mit leichter Dachhaut möglich.

Eine Ausführung ohne Hänger ist der sog. Jawerth-Binder, bei dem anstelle von zugbeanspruchten Hängern Trag- und Spannseil durch Druckelemente, sog. Spreizen, miteinander verbunden sind. Bei dieser Binderform sind besonders die Stabilitätsprobleme Knicken der Spreize und Drehen des Binders um die Aufhängepunkte durch konstruktive Maßnahmen zu verhindern (vgl. hierzu die beim unterspannten Träger beschriebene Problematik).

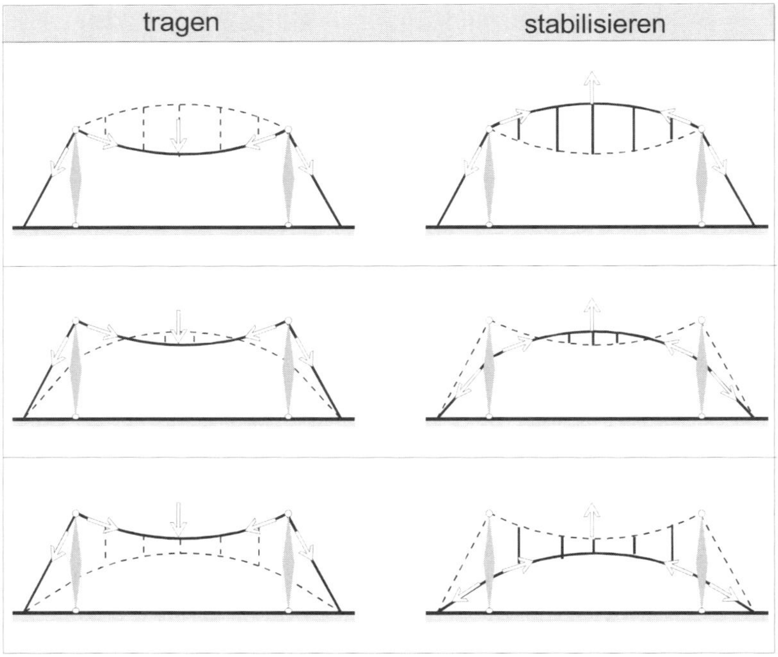

Abb. 10.5 Tragmechanismus und Stabilisierungsmechanismus beim Seilbinder

10.8 Seilnetze und Membranen

10.8.1 Tragverhalten

Das Tragverhalten eines Seilnetzes lässt sich sehr einfach am Beispiel von zwei sich kreuzenden, gegeneinander vorgespannten Seilen verdeutlichen (Abb. 10.6). Im Kreuzungspunkt der beiden Seile wirkt aus der Vorspannung die Umlenkkraft U, sie ist von der Größe der Vorspannung abhängig. Wird nun im Kreuzungspunkt eine Last F aufgebracht, wird über die Seilverformung die Umlenkkraft verändert, die Last im Tragseil steigt, die Vorspannkraft im Spannseil wird reduziert.

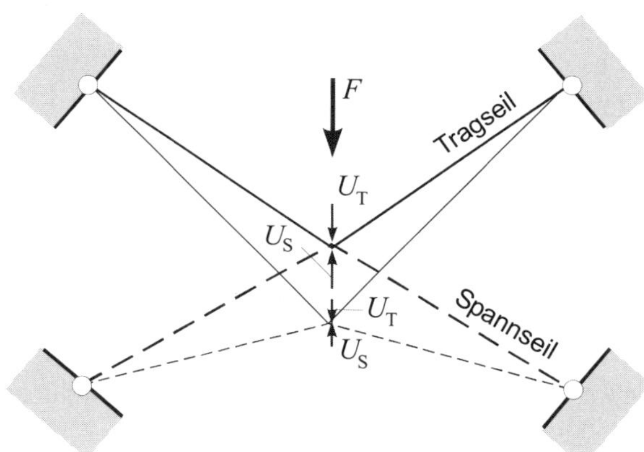

Die Kräfte U_T und U_S sind entgegengesetzt gleich.

Abb. 10.6 Erläuterung des Tragverhaltens

Das einfache Hängeseil und das gegengespannte Tragseil gemäß Abb. 10.6 unterscheiden sich hinsichtlich ihres Tragverhaltens nicht. In ihrem Verformungsverhalten unterscheiden sich beide Seile jedoch grundsätzlich. Während das einfach hängende Seil keine Stabilität besitzt, bleibt das gegengespannte Tragseil solange stabil, wie die Umlenkkraft durch die einwirkende äußere Belastung nicht vollständig abgebaut wird. Es wird in dem Moment instabil, in welchem $F = U$ eintritt.

Hieraus folgt, dass das Tragverhalten wesentlich von drei Faktoren bestimmt wird: 1. der Krümmung und Führung der Seile, 2. der Vorspannung der Seile und 3. der Dehnsteifigkeit EA der Seile.

10.8.2 Vom Tragseil zum Seilnetz

In Abb. 10.7 ist die Entwicklung vom einfachen, nicht stabilisierten Hängeseil zum stabilisierten Seilnetz dargestellt:
Eine Einzellast ruft eine große Deformation hervor (Abb. 10.7(a)), die sich nur auf das betroffene Seil erstreckt.
Bereits ein Stabilisierungsseil verhindert größere Deformationen (Abb. 10.7(b)).

Eine Vermehrung von Stabilisierungsseilen erhöht den Widerstand gegen Deformationen aus Einzellasten stark, alle Seile sind am Widerstandsmechanismus gegen Deformationen beteiligt (Abb. 10.7(c)).

10.8.3 Charakteristik

Seilnetze werden aus Scharen von gegensinnig gekrümmten und gegeneinander vorgespannten Trag- und Spannseilen gebildet. Dabei werden **geschlossene** und **offene Seilnetze** unterschieden, welche sich wiederum durch ihre Verankerung, ihre Randausbildung (Träger, Randseil) und die Möglichkeit zur Raumbildung unterscheiden.

Das Seilnetz bildet die Unterkonstruktion für eine leichte Dachhaut. Sein Vorspannungszustand muss so bestimmt werden, dass in allen Lastfällen nur Zugkräfte in den Seilen auftreten und für jeden Netzknoten Gleichgewicht herrscht.

Der Übergang zur Membran ist fließend. Stellt man sich vor, dass immer dünnere Seile immer dichter aneinander gerückt werden, so entsteht erst ein engmaschiges Netz, dann ein Seilgewebe, schließlich eine Membran.

Eine Membran bildet Konstruktionselement und Dachhaut in einem. Sie ist eine „gespannte Haut“, die in der Lage sein muss, die auftretenden Zugkräfte aufzunehmen. Dafür sind ggf. örtliche Verstärkungen oder doppelte Membranlagen notwendig.

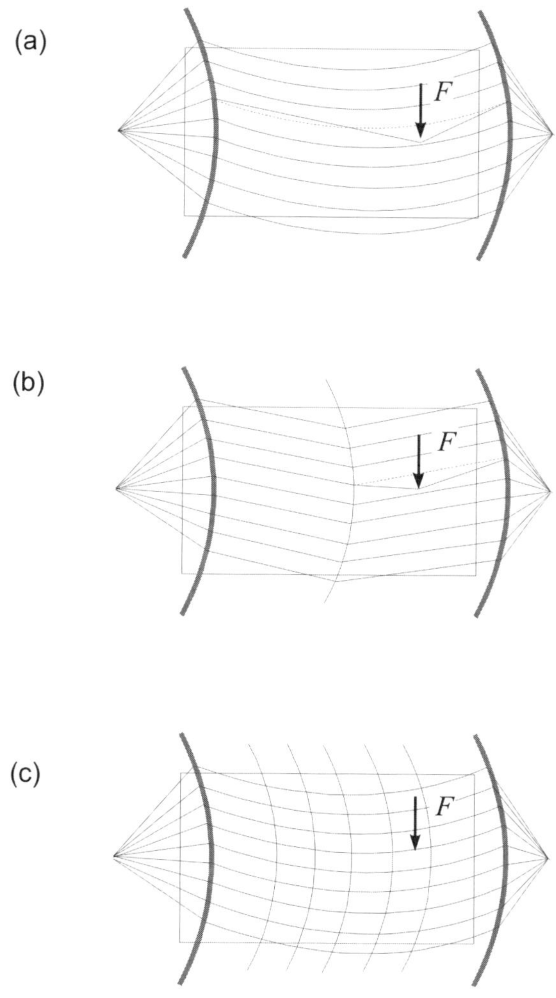

Abb. 10.7 Entwicklung vom Tragseil zum Seilnetz

Seilnetze wie auch Membranen werden mit zunehmender Krümmung weniger anfällig für die Einwirkung äußerer Lasten. Daher sollen Sattelflächen mit ausreichender Krümmung, d. h. kleinen Krümmungsradien ausgeführt werden. Gegebenenfalls kann dies auch durch Unterteilung, d. h. durch die Einführung weiterer Hoch- bzw. Tiefpunkte oder durch die Aneinanderreihung von Flächen erreicht werden.

10.8.4 Das geschlossene Seilnetz

Spannt man ein Seilnetz zwischen einen geschlossenen Trägerzug oder ein geschlossenes Trägersystem, so spricht man von einem geschlossenen Seilnetz. Dabei werden die Seilzugkräfte in die Randträger eingeleitet. Diese werden auf Druck belastet, was bei ihrer Konstruktion berücksichtigt werden muss. Es bieten sich dafür schräge, sich kreuzende Bögen oder Ringträger auf Stützen an (Abb. 10.8). Die Randträger ermöglichen eine Raumbildung, da ein Raumabschluss angeordnet werden kann.

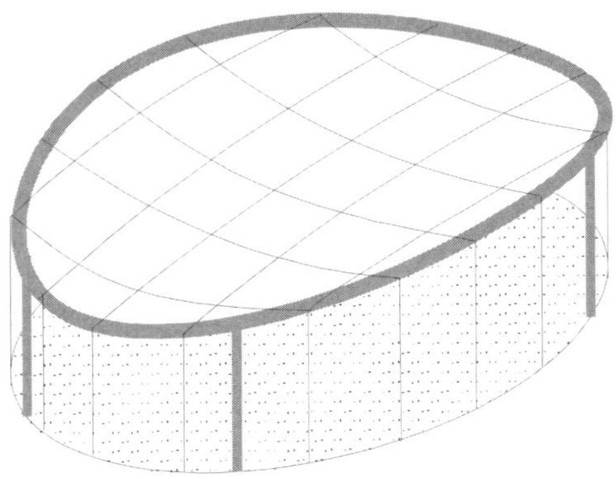

Abb. 10.8 Geschlossenes Seilnetz

10.8.5 Das offene Seilnetz

Spannt man ein Seilnetz nicht zwischen einen geschlossenen Trägerzug, sondern nur eine Seilart (Tragseil oder Spannseil) zwischen feste Widerlager (Bögen oder Wände), so spricht man von einem halboffenen Seilnetz (Abb. 10.9).

Reduziert man die Widerlager auf Punkte, so erhält man ein vollständig offenes Seilnetz (Abb. 10.10). Offene Seilnetze benötigen neben den Trag- und Spannseilen noch Randseile (auch Fangseile genannt), die entweder die Trag- und / oder Spannseile abfangen.

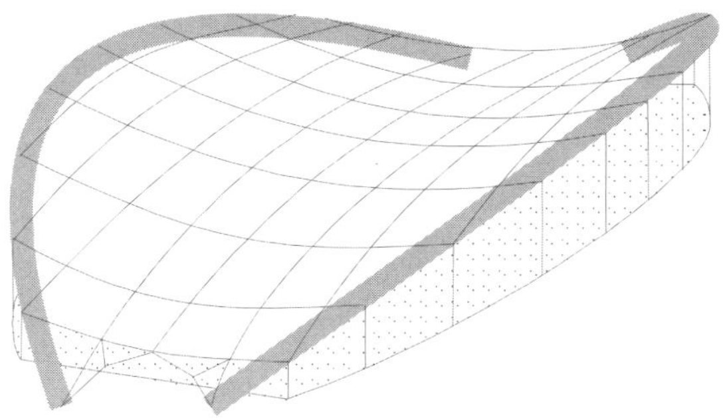

Abb. 10.9 Halboffene Seilnetze

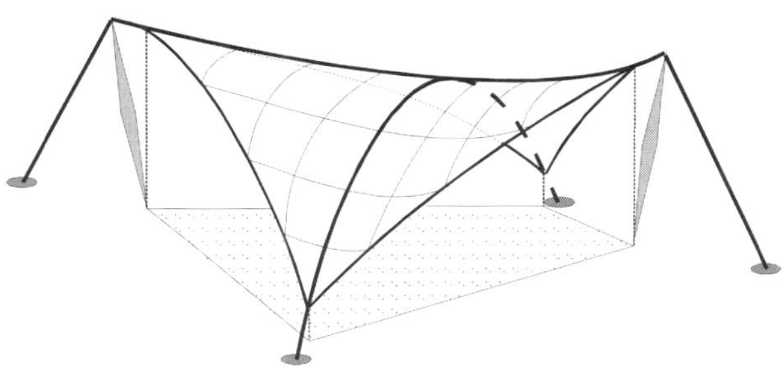

Abb. 10.10 Offenes Seilnetz

Die Seilzugkräfte werden entweder in die Randträger (Druckelemente) oder in die Randseile (Zugelemente) eingeleitet. Die Randträger werden dabei auf Druck belastet, was bei ihrer Konstruktion berücksichtigt werden muss. Dafür bieten sich Bögen oder Wände an. Die Randseile werden auf Zug belastet und benötigen dafür eine entsprechende Verankerung.
Hinsichtlich der Raumbildung kann man sagen, dass diese bedingt durch die Randträger bei halboffenen Systemen möglich ist, bei offenen Systemen ist die Anordnung eines Raumabschlusses jedoch schwierig.

10.9 Verankerungen

Die Möglichkeiten der Verankerungen werden am Beispiel eines hyperbolischen Paraboloids erläutert.

Es sind drei Varianten möglich, die **Abspannung über Druckelemente** (Abb. 10.11, Abb. 10.12), die **direkte Verankerung** (Abb. 10.11) und die **Verankerung über Rahmen** (Abb. 10.13).

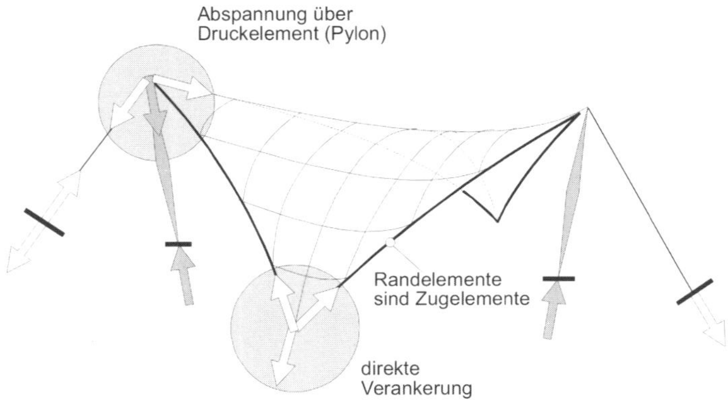

Abb. 10.11 Abspannung über Druckelement (Hochpunkt), direkte Verankerung (Tiefpunkt)

10.9.1 Abspannung über Druckelemente

Druckelemente können in diesem Fall Stützen (Pylone) oder Bögen sein.

Die Neigung des Abspannseiles und die Neigung des Druckelementes bestimmen die Auflagerbelastungen und damit die Fundamente. Abb. 10.12 verdeutlicht, dass mit zunehmendem Abspannwinkel a sowohl die Abspannkraft Z als auch die Kraft D im Druckelement abnimmt. Neigt man das Druckelement zusätzlich noch in Richtung der Abspannung, so reduzieren sich die Kräfte nochmals.

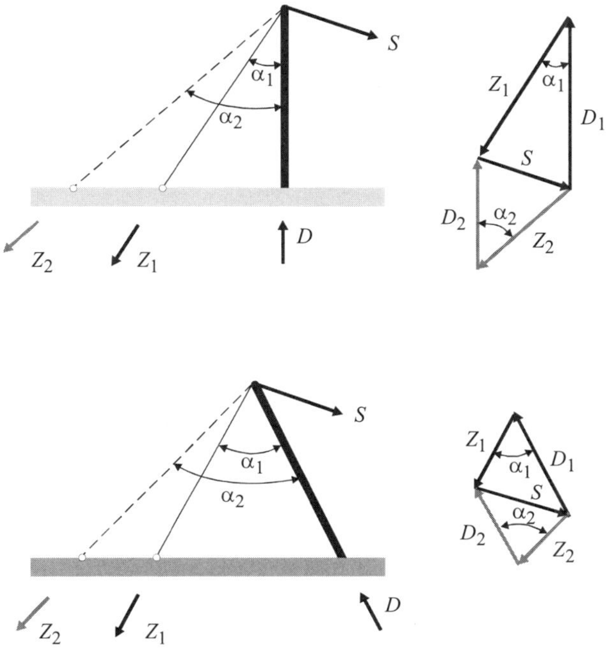

Abb. 10.12 Einfluss von Abspannwinkel und Druckelementneigung auf die Auflagerbelastungen

Die Verankerung der Zugkraft geschieht in der Regel über das Gewicht der Fundamente. Zu beachten ist, dass geneigte Druckelemente exzentrische Auflager benötigen.

10.9.2 Direkte Verankerung

Die direkte Verankerung geschieht in der Regel ebenfalls über das Gewicht der Fundamente.

Eine Beeinflussung der Zugkraft, wie im Abschnitt 10.9.1 beschrieben, ist nicht möglich, da die Geometrie des Seilnetzes bzw. des Abspannseiles die Kräfte vorgibt.

10.9.3 Verankerung über Rahmen

Die Randträger eines Seilnetzes sind druckbeanspruchte Elemente.

Diese werden, wie Abb. 10.13 zeigt, durch die Zugkräfte des Seilnetzes nach "innen" gezogen. Das System ist instabil, es kippt um die Achse zwischen den Auflagern.

Durch Abspannung oder Einspannung der Randträger, die dabei zu Kragträgern werden, kann jedoch die Stabilisierung erreicht werden. Das Einspannmoment des Kragträgers kann durch die geeignete Neigung beeinflusst werden (Abb. 10.14). Gegenüber einem gerade stehenden Kragträger ist eine Neigung von der Zugkraft weg günstig, denn die Vertikalkomponente der Zugkraft wirkt entlastend. Eine Neigung in Richtung der Zugkraft jedoch sollte nicht gewählt werden, da das System dadurch zusätzlich belastet wird.

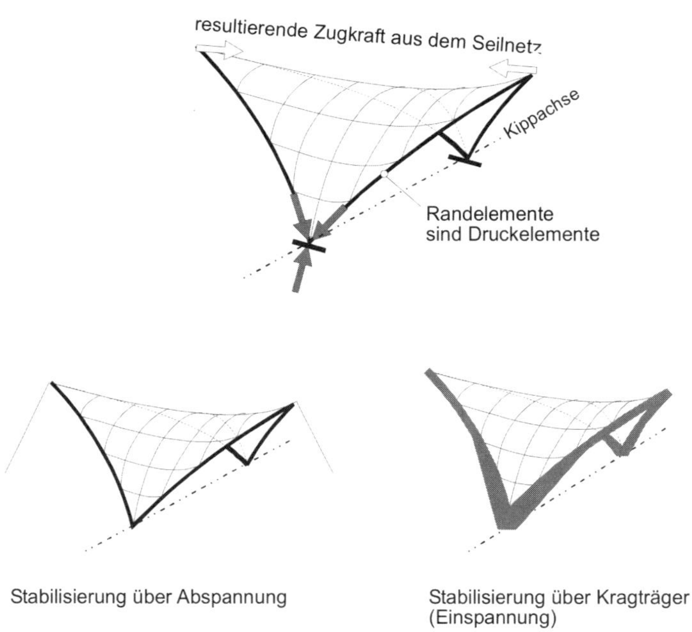

Abb. 10.13 Möglichkeiten der Verankerung durch Rahmen

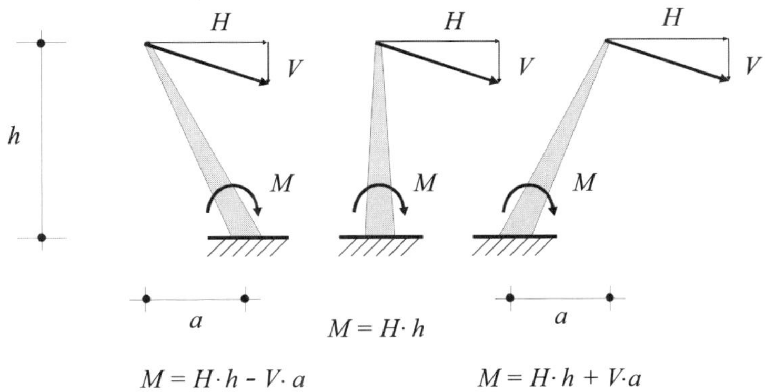

Abb. 10.14 Einfluss der Neigung des Kragträgers auf das Einspannmoment

10.10 Zugelemente

Zugelemente für Hängekonstruktionen können Stäbe aus Holz, Stäbe aus Stahl, Seile aus Stahldrähten sowie textile Gewebe sein.

Wie der Begriff *Seilkonstruktion* schon sagt, werden für die in diesem Kapitel behandelten Konstruktionen vorwiegend Seile aus Stahl eingesetzt. Aber auch Zugelemente aus Holz oder Stahlstäben sind denkbar.

Seile zeigen ein vom üblichen Stahl abweichendes Verformungsverhalten.

Sie bestehen in der Regel aus **Drähten** aus hochfestem Stahl, welcher Streckgrenzen von 1420 N/mm² bis 1570 N/mm² und Mindestzugfestigkeiten von 1570 N/mm² bis 1770 N/mm² aufweist. Die zulässigen Spannungen für Drähte liegen bei 750 N/mm².

Bedingt durch die Seilherstellung (Verseilung, Völligkeit) liegen die zulässigen Spannungen und der Elastizitätsmodul von **Seilen** unter denen der Einzeldrähte bei ca. 600 N/mm². Sie weisen daher infolge von Normalkraftbelastung größere Dehnungen auf. Aus diesem Grunde werden für hochbelastete Konstruktionen so genannte **Paralleldrahtbündel** eingesetzt, die nicht die negativ wirkenden Einflüsse von Seilen haben. Man unterscheidet Litzen, vollverschlossene Spiralseile, Rundlitzenseile, Litzenbündel und Paralleldrahtbündel.

11 Aussteifung von Gebäuden

„ACL Logistikomplex", Flughafen Frankfurt-Hahn

In den Kapiteln 2 bis 10 wurde vorwiegend die vertikale Lastabtragung behandelt. Zum Nachweis der Standsicherheit eines Gebäudes gehört aber auch die horizontale Lastabtragung. Diese muss rechtzeitig, d. h. in einem sehr frühen Entwurfstadium beachtet werden.

11.1 Horizontal aussteifende Bauteile

Jeder Baukörper, jeder Dehnfugenabschnitt muss für sich ausgesteift sein, d. h. es müssen horizontal aussteifende und vertikal aussteifende Bauteile vorgesehen werden. Für die Weiterleitung der Horizontallasten an die vertikal aussteifenden Bauteile und für das Zusammenwirken dieser Bauteile sind horizontal aussteifende Bauteile erforderlich, z. B. Deckenscheiben oder Ringbalken.

11.2 Vertikal aussteifende Bauteile

Kerne, Wände, Rahmen und eingespannte Stützen (normalerweise bis zwei Geschosse hoch) können horizontale Lasten in die Fundamente weiterleiten.

Folgende Kriterien sind dabei jedoch zu beachten:

- Die aussteifenden Bauteile müssen ausreichende Steifigkeit gegen Verschiebungen und Verdrehungen des Baukörpers besitzen.
- Zwängungen, die zwischen den aussteifenden Bauteilen entstehen (aus Längenänderungen der Deckenscheibe infolge Schwindens des Betons und Temperaturänderungen) müssen berücksichtigt werden.
- Die Bauteile müssen ausreichende Auflast erhalten. Bei geringer Auflast wird die Momentenbeanspruchung der (sonst normalkraftbeanspruchten) Bauteile sehr groß und das würde große Fundamente notwendig werden lassen.
- Die Gesamtzahl aussteifender vertikaler Elemente kann auf 3 minimiert werden, wenn sich deren Grundrissachsen nicht in einem Punkt schneiden.

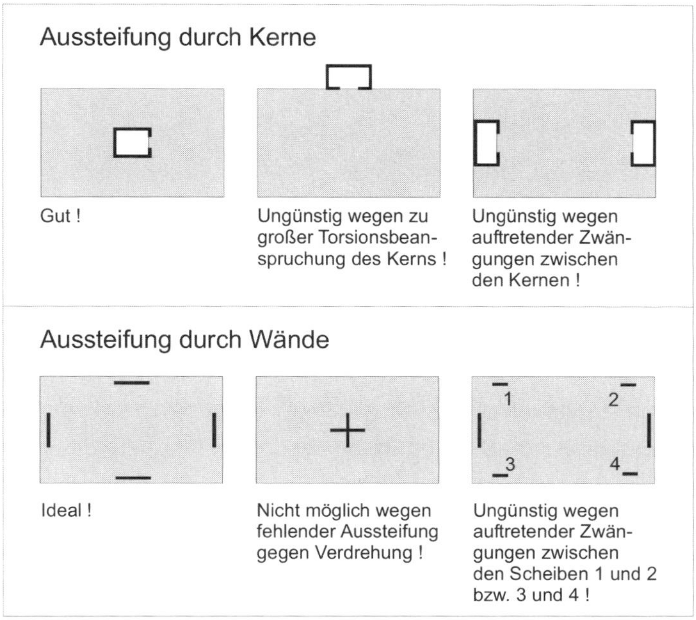

Abb. 11.1 Anordnung vertikal aussteifender Bauteile

Aussteifungen im Hallenbau

Für die horizontale Lastabtragung bei Hallenbauten werden vorwiegend eingespannte Stützen, Wandscheiben, Verbände (Fachwerke) oder Rahmen (Zwei- und Dreigelenkrahmen) herangezogen.

Im Stahlhallenbau erfolgt die Aussteifung in Hallenlängsrichtung im Normalfall mittels Verbänden. Die Aussteifung in Hallenquerrichtung geschieht üblicherweise ebenfalls über Verbände aber auch mittels Rahmen. Eingespannte Stützen und Scheiben sind weniger gebräulich.

Eine Aussteifung gegen Horizontallasten über eingespannte Stützen stellt im Hallenbau mit Betonfertigteilen den Normalfall dar und wird im Allgemeinen für Hallenhöhen bis 10 m verwendet. Bei Hallenhöhen > 10 m muss mit relativ großen Verformungen am Stützenkopf und damit in der Dachebene gerechnet werden. Ist zusätzlich eine Fundamentverdrehung vorhanden, nehmen die Verformungen am Stützenkopf noch weiter zu.

Die horizontale Lastabtragung bei Hallenbauten mit Scheiben erfordert zusätzlich Konstruktionselemente, um die Dachkonstruktion als Scheibe auszubilden.

Dies können

- Fachwerkscheiben aus Stahlbetonbindern, Riegeln und Stahldiagonalen,
- Spannbetonhohlplatten,
- Porenbetonplatten oder
- Trapezbleche

sein.
Ferner müssen im Hallenbau häufig zusätzliche Horizontallasten aus Kranbetrieb sowie aus Gabelstaplerverkehr berücksichtigt werden. Diese Angaben sind rechtzeitig im Hinblick auf die Stützenabmessungen zu klären und festzulegen.

Verzeichnis der verwendeten Literatur

Ackermann, Kurt	Grundlagen für das Entwerfen und Konstruieren Stuttgart: Karl Krämer Verlag, 1983
Ackermann, Kurt	Tragwerke in der konstruktiven Architektur Stuttgart: Deutsche Verlags-Anstalt, 1988
Becker, Gerd	Tragkonstruktionen des Hochbaus, Teil 1: Konstruktionsgrundlagen Düsseldorf: Werner Verlag, 1983
Becker, Gerd	Tragkonstruktionen des Hochbaus, Teil 2: Tragwerkselemente und Tragwerksformen Düsseldorf: Werner Verlag, 1987
Büttner, Otto / Hampe, Erhard	Bauwerk Tragwerk Tragstruktur Berlin: Ernst & Sohn, 1985
Deutscher Stahlbau Verband (Hrsg.)	Stahlbau Handbuch Teil 2: Stahlkonstruktionen 2. Auflage, Köln: Stahlbau-Verlagsgesellschaft mbh, 1985
Dohmke, H.	Grundlagen konstruktiver Gestaltung 2. Auflage; Wiesbaden, u.a.: Bauverlag, 1982
Engel, Heino	Tragsysteme, Structure Systems Stuttgart: Hatje Crantz Verlag, 1997
Hart, Franz /, Henn, Walter / Sonntag, Hansjürgen	Stahlbauatlas, Geschoßbauten 2. Auflage, Nachdruck, Köln: Deutscher Stahlbau Verband, 1994
Joedicke, Jürgen	Schalenbau Stuttgart: Karl Krämer Verlag, 1962
Kahlmeyer, Eduard	Stahlbau, Träger, Stützen, Verbindungen 3. Auflage, Düsseldorf: Werner Verlag, 1998
Kuff, Paul	Tragwerke als Elemente der Gebäude- und Innenraumgestaltung Stuttgart, u.a.: Kohlhammer, 2001
Leder, Gerhard	Hochbaukonstruktionen Band 1: Tragwerke Berlin u. a.: Springer-Verlag, 1985
Mann, Walther	Vorlesungen über Statik und Festigkeitslehre 2. Auflage, Stuttgart: B.G. Teubner, 1997
Mann, Walther	Tragwerkslehre in Anschauungsmodellen Stuttgart: B.G. Teubner, 1985
Mengeringhausen, Max	Raumfachwerke aus Knoten und Stäben Wiesbaden, u.a.: Bauverlag, 1975
Natterer, Julius / Herzog, Thomas / Volz, Michael	Holzbau Atlas Zwei 2. Auflage, Nachdruck, Basel, u.a.: Birkhäuser, 1999
Otto, Frei	Das hängende Dach Nachdruck, Stuttgart: Deutsche Verlags-Anstalt, 1990

Palkowski, S.	Statik der Seilkonstruktionen Berlin, u.a.: Springer-Verlag, 1990
Salvatori, M. / Heller, R.	Tragwerk und Architektur Braunschweig: Vieweg, 1977
Sandaker, Bjørn Normann / Eggen, Arne Petter	Die konstruktiven Prinzipien der Architektur Basel, u.a.: Birkhäuser 1994
Schneider, Klaus-Jürgen (Hrsg.)	Bautabellen für Architekten 14. Auflage, Düsseldorf: Werner Verlag, 2001
Schneider, Klaus-Jürgen (Hrsg.)	Bautabellen für Ingenieure 14. Auflage, Düsseldorf: Werner Verlag, 2001
Schock, Hans-Jürgen	Segel, Folien und Membranen Basel, u.a.: Birkhäuser, 1997
Suchov, Vladimir G.	Die Kunst der sparsamen Konstruktion Stuttgart: Deutsche Verlags-Anstalt, 1990
Werner, Gerhard	Holzbau Teil1: Grundlagen 4. Auflage, Düsseldorf: Werner Verlag, 1991
Werner, Gerhard	Holzbau Teil 2: Dach- und Hallentragwerke 4. Auflage, Düsseldorf: Werner Verlag, 1993
Wommelsdorf, Otto	Stahlbetonbau Teil 1: Biegebeanspruchte Bauteile, Bemessung und Konstruktion 7. Auflage, Düsseldorf: Werner Verlag, 2001
Wommelsdorf, Otto	Stahlbetonbau Teil 2: Stützen und Sondergebiete des Stahlbetonbaus, Bemessung und Konstruktion 5. Auflage, Düsseldorf: Werner Verlag, 1993

Bildnachweis

Bei den verwendeten Bildern handelt es sich zum großen Teil um Aufnahmen aus eigenen Projekten. So besteht die Möglichkeit Teile des Tragwerks noch in der Bauphase zu zeigen.
Sofern bekannt sind Architekt und Tragwerksplaner bzw. die entsprechenden Büros genannt.

Seite 7	Foto	Samberg
	Architektur	Foster und Partner, London
	Tragwerksplanung	Ove Arup und Partner, London
Seite 21	Foto	Stöffler
	Architektur	Dipl.-Ing. J. Franzke, Frankfurt / Main
	Tragwerksplanung	Stöffler / Abraham / Fäth, Darmstadt
Seite 49, 101	Foto	Fachgebiet Statik der Hochbaukonstruktionen
Seite 59	Foto	Stöffler
	Architektur	Prof. Dr.-Ing W. Rösel, Darmstadt
	Tragwerksplanung	Prof. Dr.-Ing. J. Stöffler, Darmstadt
Seite 73	Foto	Klaus Frahm
	Architektur	GMP v. Gerkan, Marg & Partner, Hamburg
	Tragwerksplanung	Assmann – Beraten & Planen, Hamburg
Seite 81, 109	Foto	Stöffler
	Architektur	Dipl.-Ing. Braun und Partner, Darmstadt
	Tragwerksplanung	Stöffler / Abraham / Fäth, Darmstadt
Seite 93	Foto	Stöffler
	Architektur	Richard Heil, Frankfurt / Main
	Tragwerksplanung	Stöffler + Romig, Darmstadt
Seite 129	Foto	bauen mit stahl
	Architektur	Herzog & Partner, München
Seite 147	Foto	Stöffler
	Architektur	JSK, Frankfurt / Main
	Tragwerksplanung	Stöffler Abraham Neujahr, Darmstadt

Anhang

A1: Biegeträger Abschätzung zweckmäßiger Abmessungen

Stahlbetonträger Einfeldträger der Spannweite l mit Rechteckquerschnitt

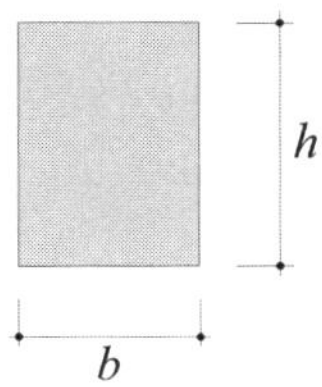

$$h = \frac{l}{11} \quad \text{bis} \quad h = \frac{l}{13}$$

$l =$ 5 bis 8 m	$b \geq$ 20 cm
8 bis 12 m	30 cm
12 bis 15 m	40 cm

Stahlträger

Trägerart	Spannweite	Achsabstand
Vollwandträger Walzträger	bis 15 m	2 bis 7 m
Wabenträger	5 bis 20 m	2 bis 7 m

$$h = \frac{l}{20} \quad \text{bis} \quad h = \frac{l}{25}$$

Leimholzträger Einfeldträger mit Rechteckquerschnitt

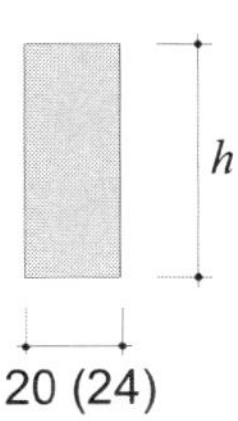

$$h = \frac{l}{10} \quad \text{bis} \quad h = \frac{l}{20}$$

$l =$ 7 bis 40 m

A2: Fachwerkträger
Maximale Stabkräfte und Vordimensionierung

An einem Pfostenfachwerk als Einfeldsystem der Länge l mit der Belastung Einzellast F in Feldmitte kann man die Zusammenhänge zwischen angreifender Last und Stabkräften einfach verdeutlichen.

Über die Schnittgrößen M und Q (siehe Abb. 2.15) kann man auf einfache Art und Weise die maximalen Stabkräfte des Fachwerkes ermitteln. Die Berechnung der Fachwerkkräfte erfolgt nach dem so genannten Ritterschnitt-Verfahren[19], das aber für die maximalen Stabkräfte keine anderen Werte liefert.

Es gelten folgende Zusammenhänge:

- $max\ /U/ = max\ /O/$
  $= max\ M/h$
  U = Zugkraft ; O = Druckkraft
- $max\ V = A$
  Druckkraft
- $max\ D = A/\sin\alpha$
  im nebenstehenden Beispiel ist D am Auflager A eine Zugkraft (steigende Diagonale)
- $min\ D = -B/\sin\alpha$
  im nebenstehenden Beispiel ist D am Auflager B eine Druckkraft (fallende Diagonale)

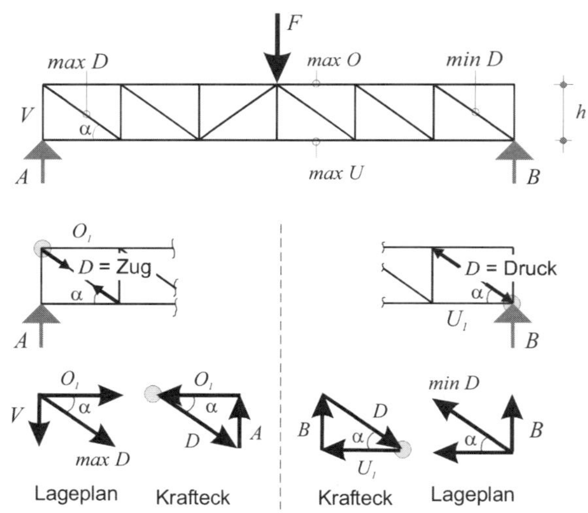

Für das Verhältnis von Spannweite l zu Trägerhöhe h sollte der folgende Erfahrungswert eingehalten werden:

$h = \frac{l}{8}$ bis $h = \frac{l}{10}$

[19] Vgl. z. B. Schneider, K.-J., *Bautabellen* oder Mann, W., *Vorlesungen über Statik und Festigkeitslehre*.

A3: Unterspannter Träger
Überschlägige Dimensionierung

Für unterspannte Träger mit einer Länge von 10 m bis 30 m unter Gleichstreckenlast können die bemessungsrelevanten Schnittgrößen der nachfolgenden Tabelle entnommen werden. Ihnen liegt eine Trägerhöhe von $h = l/12$ zugrunde.

Eine Vergrößerung der Systemhöhe führt zu einer Verringerung, eine Verkleinerung der Systemhöhe zu einer Vergrößerung der Schnittkräfte.

Mit den bekannten Spannungsnachweisen und zulässigen Spannungen können die Tragwerkselemente bemessen werden.

Voraussetzung ist jedoch, dass das Zugband nicht vorgespannt ist, ein Vorspannungszustand lässt sich nicht auf diese einfache Art und Weise erfassen.

q = Belastung in kN/m l = Stützweite in m l_1 = Feldlänge des Trägers in m	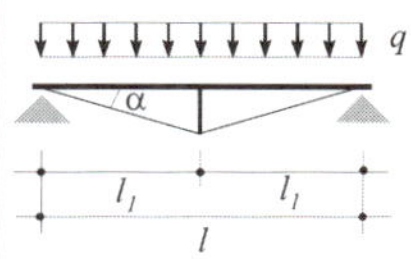	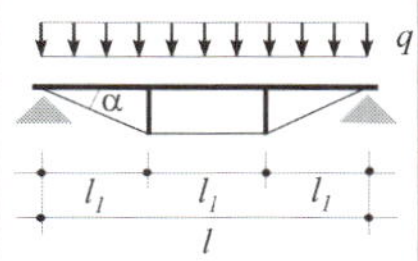	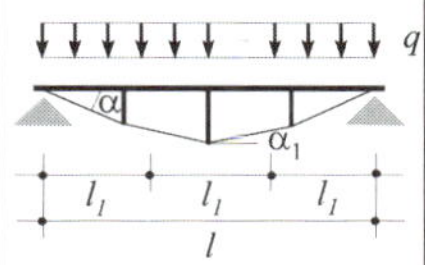
M_F = Feldmoment des Trägers in kNm	$\frac{q \cdot l_1^2}{10}$	$\frac{q \cdot l_1^2}{9{,}5}$	$\frac{q \cdot l^2}{8{,}75}$
M_{St} = Stützmoment des Trägers in kNm	$-\frac{q \cdot l_1^2}{17}$	$-\frac{q \cdot l_1^2}{18}$	nicht maßgebend
D = Druckkraft in der Spreize in kN	$-1{,}11 \cdot q \cdot l_1$	$-1{,}06 \cdot q \cdot l_1$	$-1{,}02 \cdot q \cdot l_1$
Z = Zugkraft in der Unterspannung in kN	$\frac{-D}{2 \cdot \sin\alpha}$	$\frac{-D}{\sin\alpha}$	$\frac{-1{,}5 \cdot D}{\sin\alpha_1}$
N = Normalkraft im Träger in kN	$3 \cdot D$	$4 \cdot D$	$6 \cdot D$
Q = maximale Querkraft im Träger in kN	$-0{,}5 \cdot D$	$-0{,}53 \cdot D$	$-0{,}52 \cdot D$

A4: Trägerroste Entwurfsdimensionen

Die angegebenen Entwurfsdimensionen können nur als grobe Anhaltswerte betrachtet werden, besonders bei Stahlkonstruktionen sind andere Spannweiten und Rastermaße möglich. An dieser Stelle können nur überschlägige Angaben für Vorentwürfe gemacht werden. Es muss auch darauf hingewiesen werden, dass Trägerroste immer einer Vorstatik bedürfen !

Baustoff	max. Spannweite l in m	Maschenweite a in m	Trägerhöhe
Holz BSH	8 bis 24	2,4 bis 4,8	$\approx l/16$
Holz FW	8 bis 60	1,2 bis 12	$\approx l/10$
Stahl WP	5 bis 30	1 bis 3	$\approx l/30$
Stahl FW	10 bis 60	5 bis 10	$\approx l/20$
Stahlbeton			
2-seitige Lagerung	5 bis 10	0,7 bis 1,5	$\approx l/15$
4-seitige Lagerung	5 bis 12	0,7 bis 1,5	$\approx l/20$

Es bedeuten: BSH Brettschichtholz, FW Fachwerk, WP Walzprofil

A5: Raumfachwerke
Überschlagsformeln für den Entwurf

Stahl : $h = \left(\frac{1}{20} bis \frac{1}{25}\right) \cdot s$

$s =$ 10 m bis 100 m

Holz : $h = \left(\frac{1}{8} bis \frac{1}{16}\right) \cdot s$

$s =$ 8 m bis 60 m

h = Bauhöhe
s = größere Spannweite
a = Netzlänge der Gurtstäbe
= (1,25 bis 2,0) · h
α = Diagonalwinkel = 45° bis 60°

A6: Faltwerke
Flächenmomente I von Platte und Falte im Vergleich

Am Beispiel eines Querschnitts mit 4 m Breite und einer Dicke von 20 cm wird der Unterschied der Größe der Flächenmomente deutlich. Untersucht wird zum einen eine Platte und zum anderen eine Falte.

Platte

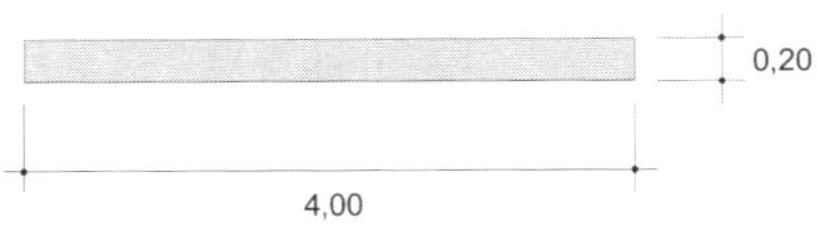

$$A = b \cdot d = 4{,}00 \cdot 0{,}20 = 0{,}8\,\mathrm{m}^2$$

$$I = \frac{b \cdot d^3}{12} = 0{,}0027\,\mathrm{m}^4$$

Falte

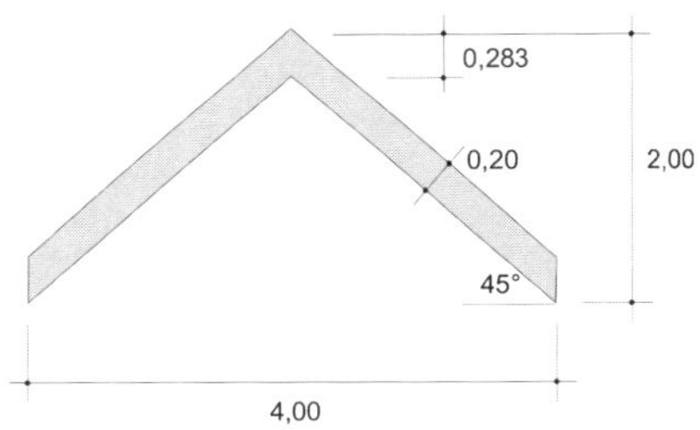

$$t = d/\cos\alpha = 0{,}20/\cos 45° = 0{,}283\,\mathrm{m}$$

$$h = 2{,}00 - t = 1{,}72\,\mathrm{m}$$

$$a = b/2 = 4{,}00/2 = 2{,}00\,\mathrm{m}$$

$$A = 2 \cdot a \cdot t = 1{,}172\,\mathrm{m}^2$$

$$I = 2\frac{a \cdot t \cdot \left(h^2 + t^2\right)}{12} = 0{,}287\,\mathrm{m}^4$$

Betrachtet man nun eine zur oben dargestellten Platte flächengleiche Falte (Voraussetzung: unveränderte Dicke d) so ergibt sich ein Steifigkeitsfaktor von

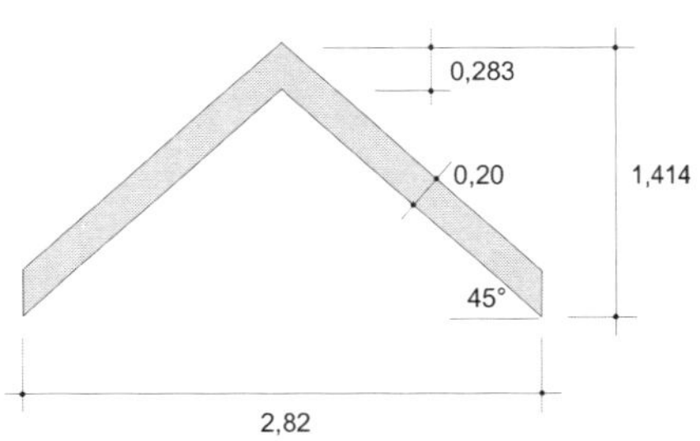

$$A = 0{,}80\,\mathrm{m}^2$$

$$h = 1{,}414 - 0{,}283 = 1{,}131\mathrm{m}$$

$$a = 1{,}414\,\mathrm{m}$$

$$I = 0{,}091\,\mathrm{m}^4$$

***c* = 0,091 / 0,0027 = 33,7**

A7: Hängekonstruktionen Herleitung der Gleichungen

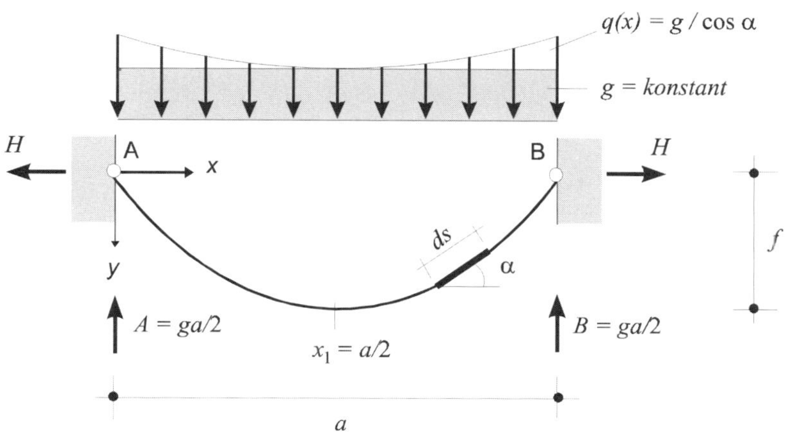

Mit den Voraussetzungen q = konstant; $EI = 0$; $EA \neq 0$ muss an jeder Stelle gelten $M = 0$.

An der Stelle $x_1 = a/2$ kann man schreiben:

$$M_{x_1} = 0 = A \cdot \frac{a}{2} - q \cdot \frac{a}{2} \cdot \frac{a}{4} - H \cdot f \qquad \text{Gleichung (1)} \qquad \text{mit} \quad A = q \cdot \frac{a}{2}$$

$$0 = q \cdot \frac{a}{2} \cdot \frac{a}{2} - q \cdot \frac{a^2}{8} - H \cdot f$$

$$0 = q \cdot \frac{a^2}{8} - H \cdot f$$

$$\Rightarrow \qquad H = q \cdot \frac{a^2}{8} \cdot \frac{1}{f} \qquad \text{Gleichung (2)}$$

Setzt man für f den Wert an der Stelle von $\max M$ ein, so kann die Gleichung in der Form $H = \max M \cdot \frac{1}{f}$ für jede Belastung angewandt werden.

Schreibt man die Ausgangsgleichung (1) in der allgemeinen Form, indem man die variablen Koordinaten x und y einsetzt, so ergibt sich:

$M(x) = \quad 0 = A \cdot x - q \cdot x \cdot \frac{x}{2} - H \cdot y$ mit $A = q \cdot \frac{a}{2}$ und H nach Gleichung (2)

$$0 = q \cdot \frac{a}{2} \cdot x - \frac{q}{2} \cdot x^2 - q \cdot \frac{a^2}{8} \cdot \frac{1}{f} \cdot y$$ erweitern mit $\frac{2}{q}$

$$0 = a \cdot x - x^2 - \frac{a^2}{4 \cdot f} \cdot y$$

$$\Rightarrow \quad \boxed{y = \frac{4 \cdot f}{l^2} \cdot \left(a \cdot x - x^2\right)}$$ Gleichung (3)

Für das kleine Seilelement gilt

$$ds = \sqrt{dx^2 + dy^2}$$

differenzieren nach dx

$$\frac{ds}{dx} = \frac{1}{dx} \cdot \sqrt{dx^2 + dy^2} = \sqrt{1 + \frac{dy^2}{dx^2}}$$

daraus folgt Gleichung (4)

$$\boxed{ds = dx \cdot \sqrt{1 + y^2}}$$

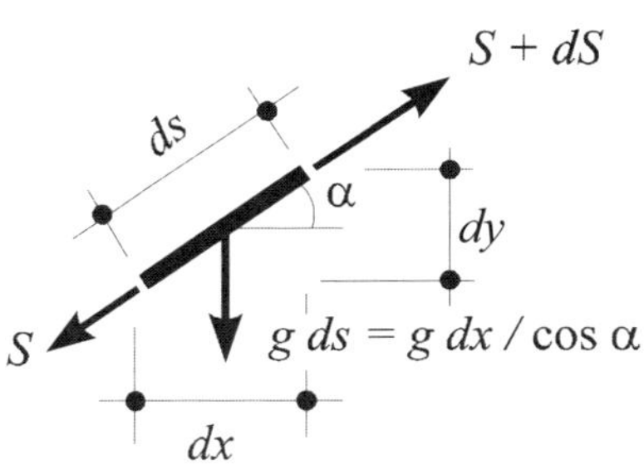

Mit y nach Gleichung (3) erhält man die Gesamtseillänge s durch Integration von $x = 0$ bis $x = a$

$$s = \int_0^a \sqrt{1 + y^2} \cdot dx$$ mit der Lösung $$\boxed{s \approx a \cdot \left[1 + \frac{8}{3} \cdot \left(\frac{f}{a}\right)^2\right]}$$

Die maximale Seilkraft ergibt sich zu

$$\max S = \sqrt{H^2 + A^2} = H \cdot \sqrt{1 + \left(\frac{A}{H}\right)^2}$$

mit H nach Gleichung (2) ergibt sich

$$\boxed{\max S = H \cdot \sqrt{1 + \left(\frac{4 \cdot f}{a}\right)^2}}$$

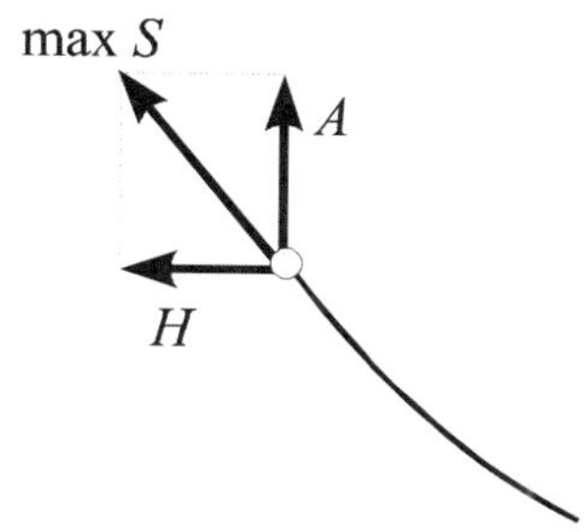